畜禽屠宰检验检疫图解系列丛书

牛屠宰检验检疫图解手册

中国动物疫病预防控制中心
(农业农村部屠宰技术中心)　编著

中国农业出版社

北　京

图书在版编目（CIP）数据

牛屠宰检验检疫图解手册/中国动物疫病预防控制
中心（农业农村部屠宰技术中心）编著. —北京：中国
农业出版社，2018.11（2022.1重印）
（畜禽屠宰检验检疫图解系列丛书）
ISBN 978-7-109-24641-6

Ⅰ.①牛… Ⅱ.①中… Ⅲ.①肉牛—屠宰加工—卫生
检疫—图解 Ⅳ.①S851.34-64

中国版本图书馆CIP数据核字（2018）第221354号

中国农业出版社出版
（北京市朝阳区麦子店街18号楼）
（邮政编码 100125）
责任编辑 刘 玮 弓建芳

北京中科印刷有限公司印刷 新华书店北京发行所发行
2018年11月第1版 2022年1月北京第2次印刷

开本：787mm×1092mm 1/16 印张：12.25
字数：300千字
定价：108.00元
（凡本版图书出现印刷、装订错误，请向出版社发行部调换）

丛书编委会

主　任　陈伟生

副主任　张　弘　吴　晗　卢　旺

编　委　高胜普　孙连富　曲道峰　姜艳芬

　　　　　　罗开健　李　舫　杨泽晓　杜雅楠

主　审　沈建忠

本书编委会

主　编　尤　华　姜艳芬

副主编　高胜普　郭抗抗　张彦明　任晓玲　罗建强

编　者（按姓氏音序排列）

曹金斌　陈怀涛　冯新军　高胜普　郭爱珍　郭抗抗

姜艳芬　李文刚　刘变芳　罗建强　潘　瑞　潘康锁

潘耀谦　逄国梁　朴范泽　齐长明　钱保根　任晓玲

任智慧　苏　慧　王勃森　王承宝　王金玲　王晶钰

王俊平　吴　晗　吴庭才　谢　鹏　许大伟　尤　华

张朝明　张　昕　张新玲　张旭静　张彦明　张　莹

审　稿　许大伟　谢　鹏　钱保根

丛书序

　　肉品的质量安全关系到人民的身体健康，关系到社会稳定和经济发展。畜禽屠宰检验检疫是保障畜禽产品质量安全和防止疫病传播的重要手段。开展有效的屠宰检验检疫，需要从业人员具备良好的疫病诊断、兽医食品卫生、肉品检测等方面的基础知识和实践能力。然而，长期以来，我国畜禽屠宰加工、屠宰检验检疫等专业人才培养滞后于实际生产的发展需要，屠宰厂检验检疫人员的文化程度和专业水平参差不齐。同时，当前屠宰检疫和肉品品质检验的实施主体不统一，卫生检验也未有效开展。这就造成检验检疫责任主体缺位，检验检疫规程和标准执行较差，肉品质量安全风险隐患容易发生等问题。

　　为进一步规范畜禽屠宰检验检疫行为，提高肉品的质量安全水平，推动屠宰行业健康发展，中国动物疫病预防控制中心（农业农村部屠宰技术中心）组织有关单位和专家，编写了畜禽屠宰检验检疫图解系列丛书。本套丛书按照现行屠宰相关法律法规、屠宰检验检疫标准和规范性文件，采用图文并茂的方式，融合了屠宰检疫、肉品品质检验和实验室检验技术，系统介绍了检验检疫有关的基础知识、宰前检验检疫、宰后检验检疫、实验室检验、检验检疫结果处理等内容。本套丛书可供屠宰一线检验检疫人员、屠宰行业管理人员参考学习，也可作为兽医公共卫生有关科研教育人员参考使用。

　　本套丛书包括生猪、牛、羊、兔、鸡、鸭和鹅7个分册，是目前国内首套以图谱形式系统、直观描述畜禽屠宰检验检疫的图书，可操作性和实用性强。然而，本套丛书相关内容不能代替现行标准、规范性文件和国家有关规定。同时，由于编写时间仓促，书中难免有不妥和疏漏之处，恳请广大读者批评指正。

编著者

2018年10月

目 录

第一章

牛屠宰检验检疫基础知识

第一节　术语和定义及病理学基础知识

一、术语和定义

下列术语适用于本书。

1. 牛屠体　牛屠杀放血后的躯体。

2. 牛胴体　牛屠体去皮、头、蹄、尾、内脏及生殖器（母牛去乳房）的躯体（图1-1-1）。

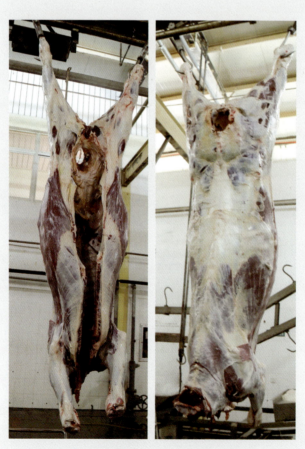

图1-1-1　牛胴体腹面观（左）与背面观（右）

3．二分胴体（二分体） 将牛胴体沿脊椎中线纵向锯（劈）成两部分的胴体（图1-1-2）。

图1-1-2 二分胴体

4．牛四分体 牛二分胴体垂直于脊椎肋骨间横截为前后两部分的四分体（图1-1-3、图1-1-4）。

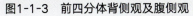

图1-1-3 前四分体背侧观及腹侧观　　　　　图1-1-4 后四分体

5．白内脏　牛的胃、肠（图1-1-5、图1-1-6）。

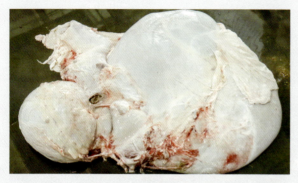 

图1-1-5　白内脏——牛胃　　　　　　　图1-1-6　白内脏——肠

6．红内脏　牛的心、肝、肺、肾（图1-1-7、图1-1-8）。

图1-1-7　红内脏——心、肺　　　　　图1-1-8　红内脏——肾

7．牛屠宰产品　牛屠宰后的胴体、内脏、头、蹄、尾，以及血、骨、毛、皮（图1-1-9至图1-1-11）。

图1-1-9　牛屠宰产品——牛尾　　　　图1-1-10　牛屠宰产品——牛骨

图1-1-11　牛屠宰产品——牛皮

二、病理学基础知识

（一）局部血液循环障碍

1．充血和淤血　充血和淤血都是指局部组织血管内血液含量增多。

（1）充血　局部器官或组织的小动脉扩张、输入过多的动脉型血液的现象称充血（图1-1-12）。

（2）淤血　静脉性充血称淤血（图1-1-13）。

图1-1-12　牛小肠黏膜充血、出血

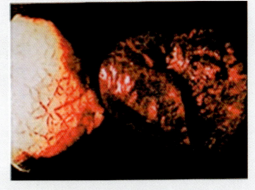

图1-1-13　肺淤血（右）

（陈怀涛，2008．兽医病理学原色图谱）

2．出血　血液流出血管之外称为出血（图1-1-14）。

3．血栓　在活体的心脏血管系统内，由于某种病因作用，从流动的血液中析出固体物质的过程，称为血栓形成。所形成的固体物，称为血栓（图1-1-15）。

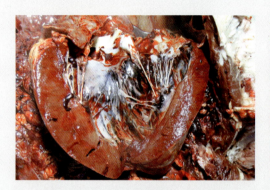

图1-1-14　心内膜严重的弥漫性出血

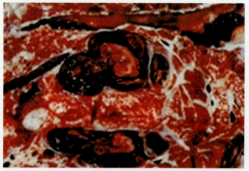

图1-1-15　肺血栓

肺脏切面可见许多动脉血管内有红黄相间、表面粗糙、与动脉管壁粘连的血栓

（Roger W.Blowey，A.David Weaver，2004．牛病彩色图谱，齐长明译）

4．梗死　指血流供应中断所致的局部组织坏死，分为贫血性和出血性梗死（图1-1-16、图1-1-17）。

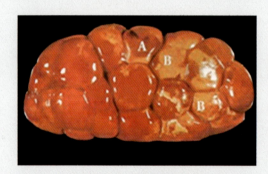

图1-1-16　肾脏梗死

肾皮质颜色较深的A区是新近梗死的，颜色较浅的B区是较早梗死的

（Roger W.Blowey，A.David Weaver，2004．牛病彩色图谱，齐长明译）

图1-1-17　肝脏梗死

肝脏表面分散的、不规则的、苍白色梗死

（Roger W.Blowey，A.David Weaver，2004．牛病彩色图谱，齐长明译）

（二）细胞和组织损伤

1．变性　在细胞或间质内出现各种异常物质或原有的某些物质堆积过多称为变性（图1-1-18、图1-1-19）。

图1-1-18　肾脏淀粉样变性

肾脏明显肿胀、苍白、呈蜡状，有结节

（Roger W.Blowey, A.David Weaver, 2004.牛病彩色图谱，齐长明译）

图1-1-19　肝脏灶状脂肪变性

肝脏的表面和切面界限清晰、形状不整地图样黄色斑，周边的实质未见显著变化

（张旭静，2003.动物病理学检验彩色图谱）

2．病理性物质沉着　包括病理性钙化、病理性色素沉着等（图1-1-20、图1-1-21）。

图1-1-20　心内膜钙质沉着

左心房、左心室的心内膜显著增厚，呈石灰样硬化，形成皱褶

（张旭静，2003.动物病理学检验彩色图谱）

图1-1-21　脂褐素沉着

心肌各部全层均呈暗褐色，轻度萎缩

（张旭静，2003.动物病理学检验彩色图谱）

3．坏死　活体（细胞、个别器官或整个肢体）内组织细胞的死亡，称为坏死。分为凝固性坏死（图1-1-22）、液化性坏死（图1-1-23）、坏疽（图1-1-24）。

图1-1-22 干酪样坏死

肺切面结核结节发生干酪样坏死和钙化，呈黄白色

（陈怀涛，2008. 兽医病理学原色图谱）

图1-1-23 化脓（液化性坏死）

肺脓肿，切开脓肿可见浓稠的黄白色脓液流出

（陈怀涛，2008. 兽医病理学原色图谱）

图1-1-24 坏疽性乳房炎

乳房肿大，切面皮下组织高度水肿，实质显著充血、出血、乳池有暗红色血样浆液

（张旭静，2003. 动物病理学检验彩色图谱）

（三）增生

器官或组织实质细胞数量增多称为增生，包括生理性增生和病理性增生（图1-1-25、图1-1-26）。

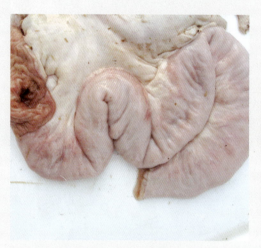

图1-1-25 增生性肠炎（1）

空肠肠壁增厚，管腔增粗，浆膜面凸凹不平（牛副结核病）

图1-1-26 增生性肠炎（2）

空肠黏膜充血、明显增厚，形成大脑沟回样结构（牛副结核病）

（四）炎症

具有血管系统的活体组织对各种损伤因子所发生的以局部为主的防御反应。包括变质性炎、卡他性炎、纤维素性炎、化脓性炎、出血性炎等（图1-1-27至

图1-1-29）。

图1-1-27　坏死性皱胃炎

黏膜充血，表面可见许多灰白色坏死灶，胃的大片区域已坏死，表面粗糙

（陈怀涛，2008.兽医病理学原色图谱）

图1-1-28　化脓性炎症

肺表面散在多发性脓肿，色灰白，同周围组织有明显界限

（陈怀涛，2008.兽医病理学原色图谱）

图1-1-29　出血性肠炎

小肠充血、出血，肠壁色鲜红、紫红，肠腔含大量气体

（陈怀涛，2008.兽医病理学原色图谱）

（五）肿瘤

肿瘤是机体在致瘤因素作用下，局部组织细胞在基因水平上失去对其生长的正常控制，导致克隆性增生形成的新生物。

1.良性肿瘤　乳头状瘤（图1-1-30）、纤维瘤、脂肪瘤（图1-1-31）、黏液瘤等。

图1-1-30　瘤胃乳头状瘤

瘤胃近食道沟处由一重积形良性乳头瘤

（Roger W.Blowey, A.David Weaver, 2004.牛病彩色图谱，齐长明译）

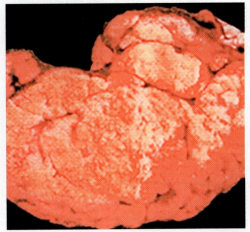

图1-1-31　牛脂肪瘤

肿瘤切面色淡黄，分叶

（陈怀涛，2008.兽医病理学原色图谱）

2. 恶性肿瘤 鳞状细胞癌、纤维肉瘤（图1-1-32）、淋巴肉瘤（图1-1-33）等。

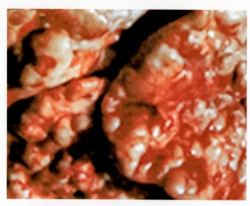

图1-1-32 纤维肉瘤（转移灶）

各肺叶布满界限清晰、质感较硬的肿瘤结节，切面隆起，呈灰白色，致密，瘤组织呈旋涡状增殖

（张旭静，2003. 动物病理学检验彩色图谱）

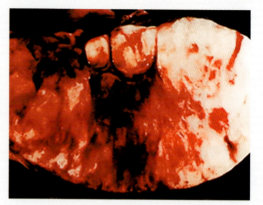

图1-1-33 淋巴结淋巴肉瘤

颈淋巴结肿大、质软，切面色灰白并有出血，淋巴结结构不能辨认

（陈怀涛，2008. 兽医病理学原色图谱）

第二节 牛屠宰检疫的主要疫病

农医发［2010］27号《牛屠宰检疫规程》规定，牛屠宰检疫对象为8种疫病，包括口蹄疫、牛传染性胸膜肺炎、牛海绵状脑病、布鲁氏菌病、牛结核病、炭疽、牛传染性鼻气管炎、日本血吸虫病。口蹄疫、牛传染性胸膜肺炎、牛海绵状脑病为一类动物疫病，其他的均为二类疫病。其中，牛海绵状脑病为我国尚未发现的疫病，牛传染性胸膜肺炎是我国已经宣布消灭的传染病。

一、口蹄疫

口蹄疫（foot and mouth disease，FMD）是由口蹄疫病毒引起偶蹄动物的一种急性、热性、高度接触性传染病，特征是口腔黏膜、四肢下端、乳房等部位皮肤形成水疱和烂斑。

1. 临床症状 口腔黏膜和蹄部的皮肤形成水疱和溃疡。体温高达40～41℃，精神委顿、食欲减退，闭口流涎，跛行甚至蹄匣脱落，卧地不起（图1-2-1至图1-2-4）。

图1-2-1 唇黏膜水疱破裂后形成的烂斑

（陈怀涛，2008．兽医病理学原色图谱）

图1-2-2 蹄冠部皮肤破损、坏死

（陈怀涛，2008．兽医病理学原色图谱）

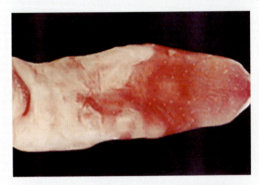

图1-2-3 舌背黏膜形成灰白色的烂斑

（陈怀涛，2008．兽医病理学原色图谱）

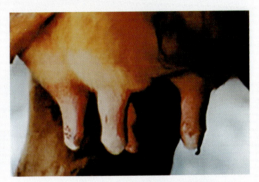

图1-2-4 乳头皮肤的水疱和出血

（陈怀涛，2008．兽医病理学原色图谱）

2. 病理变化 瘤胃黏膜，特别肉柱部分常见浅平褐色糜烂（图1-2-5），胃、肠有时出现出血性炎症。心脏呈"虎斑心"（图1-2-6）。心内、外膜有出血斑点。肺气肿和水肿，腹部、胸部、肩胛部肌肉中有淡黄色麦粒大小的坏死灶。

图1-2-5 瘤胃肌柱黏膜见大量圆点状褐色病斑

（陈怀涛，2008．兽医病理学原色图谱）

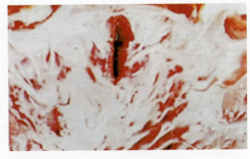

图1-2-6 虎斑心，心内膜出血，心肌变性色淡、呈条纹状

（陈怀涛，2008．兽医病理学原色图谱）

二、牛传染性胸膜肺炎

牛传染性胸膜肺炎（bovine contagious pleuropneumonia）又称牛肺疫，是由丝状支原体丝状亚种引起牛的接触性传染病。主要侵害肺和胸膜，其病理特征为纤维素性肺炎和浆液纤维素性肺炎。

1. 临床症状　急性型患牛初期稽留高热、咳嗽，症状加重见频繁痛性短咳，流浆性或脓性鼻液，呼吸困难（图1-2-7）。后期胸前皮下、肉垂水肿，腹泻与便秘交替发生，迅速消瘦。慢性病牛则逐渐消瘦，干性短咳，胸前、腹下和颈部浮肿。

2. 病理变化　特征性病变在胸腔和肺脏（图1-2-8至图1-2-10）。肺部淋巴结肿大，切面多汁呈黄白色，可见坏死灶。

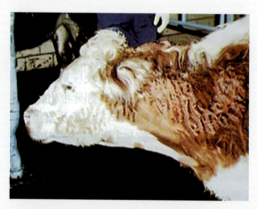

图1-2-7　病牛头颈伸直进行呼吸
（潘耀谦，吴庭才等，2007. 奶牛疾病诊治彩色图谱）

图1-2-8　大叶性肺炎，肺切面间质增宽呈大理石样纹理

图1-2-9　胸腔纤维素性渗出物机化
胸腔内的纤维素性渗出物被肉芽组织机化形成结缔组织，肺脏与胸壁严重粘连

图1-2-10　胸腔内积有黄褐色的胸水
（潘耀谦，吴庭才等，2007. 奶牛疾病诊治彩色图谱）

三、牛海绵状脑病

牛海绵状脑病（bovine spongiform encephalopathy，BSE）又称疯牛病，是朊病毒引起牛的一种中枢神经系统疾病，主要特征为潜伏期长、行为反常、运动失调、轻瘫、神经细胞形成空泡，病死率高达100%。

1．临床症状　表现为攻击性神经症状、运动失调（图1-2-11）与感觉异常，体重降低，步态僵硬、不稳（图1-2-12），行为异常如磨牙、不断舔口鼻部，肌肉抽搐。

2．病理变化　常无肉眼可见病理变化和任何炎症反应。主要病变是脑组织呈海绵样外观。

图1-2-11　典型的犬坐姿势，不能站立
(Roger W.Blowey, A.David Weaver, 2004. 牛病彩色图谱，齐长明译)

图1-2-12　病牛腰背拱起，左旋回转时后肢不灵活
(潘耀谦，吴庭才等，2007. 奶牛疾病诊治彩色图谱)

四、牛布鲁氏菌病

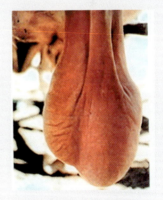

布鲁氏菌病（brucellosis）简称布病，是由布鲁氏菌属细菌引起的人畜共患传染病，主要特征为生殖器官和胎膜发炎。

1．临床症状　临床症状不明显，多为隐性感染，宰前不易发现。妊娠母牛表现为流产、阴道和阴唇黏膜红肿，乳房肿胀。公牛表现为睾丸炎或附睾炎（图1-2-13），或关节炎、黏液囊炎等。

2．病理变化　病变不明显。多见子宫与胎膜出血、水肿、坏死（图1-2-14），间质性或兼有实质性乳腺炎及乳腺萎缩和硬化；或睾丸、附睾与精索淤血、水肿、炎

图1-2-13　睾丸炎
右侧睾丸下垂，睾丸疼痛、触摸敏感
(Roger W.Blowey, A.David Weaver, 2004. 牛病彩色图谱，齐长明译)

症（图1-2-15）。有时可见关节炎病灶。

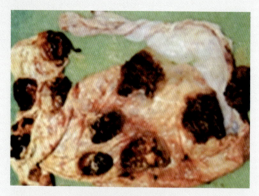

图1-2-14　胎盘上有灰白色坏死灶，胎盘膜肥厚有明显的炎症反应

（潘耀谦，吴庭才等，2007. 奶牛疾病诊治彩色图谱）

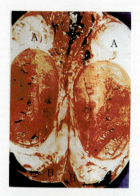

图1-2-15　牛急性睾丸炎和附睾炎：睾丸明显发炎（A），并伴有坏死性睾丸炎，阴囊下垂部皮下水肿（B）

（Roger W.Blowey，A.David Weaver，2004. 牛病彩色图谱，齐长明译）

五、牛结核病

牛结核病（tuberculosis）是由牛分支杆菌引起，主要特征为组织器官形成结核结节性肉芽肿和干酪样坏死或钙化病灶，是人畜共患的一种慢性传染病。

1. 临床症状　随患病器官不同而症状表现各异，共同表现为全身渐进性消瘦和贫血。

肺结核：病初干咳、后湿咳，精神、食欲差，逐渐消瘦，体表淋巴结肿大（图1-2-16）。

乳房结核：无热无痛、单纯的乳房肿胀；或表面凹凸不平的坚硬大肿块或乳腺中有多数不痛不热的坚硬结节（图1-2-17）。

图1-2-16　下颌淋巴结异常肿大，如鸡蛋大小

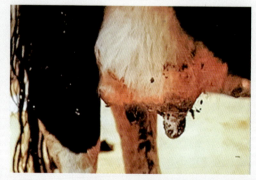

图1-2-17　乳房结核，右侧前后分房有大小不等的结核结节，乳头肿大伴有痂皮形成

（潘耀谦，吴庭才等，2007. 奶牛疾病诊治彩色图谱）

肠结核：便秘、下痢交替出现或持续性下痢。

脑结核：癫痫样发作、运动障碍等神经症状。

2．病理变化　胴体消瘦，器官或组织形成结核结节（图1-2-18、图1-2-19）或干酪样坏死（图1-2-20、图1-2-21），或淋巴结肿大（图1-2-22）或胸、肺膜见密集的形如珍珠状结核结节（图1-2-23）。

图1-2-18　肾表面密布细小的白色结核结节

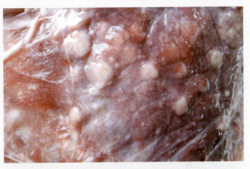

图1-2-19　肺脏表面密布大小不等的结核性结节

图1-2-20　肺干酪样坏死，坏死灶内可见白色钙化灶，刀切时有沙沙的砂粒磨刀的声音

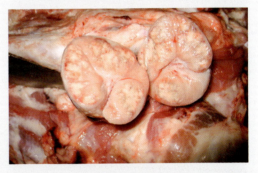

图1-2-21　肿大的下颌淋巴结切面，大面积的黄白色的干酪样坏死灶

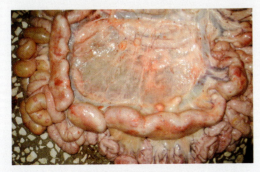

图1-2-22　肠系膜淋巴结异常肿大，质地硬实

图1-2-23　腹膜上珍珠状结核结节

（郭爱珍，2015.牛结核病）

六、炭疽

炭疽（anthrax）是由炭疽芽孢杆菌引起人畜共患的一种急性、热性、败血性传染病。呈急性经过，表现为突然死亡、天然孔出血、尸僵不全、脾脏显著肿大等特征，牛易感性最高。

图1-2-24　败血型病例的天然孔出血

（潘耀谦，吴庭才等，2007.奶牛疾病诊治彩色图谱）

1．临床症状

（1）急性或亚急性型　病牛精神不振，体温高至40.5～42℃，食欲废绝，行走蹒跚，肌肉震颤，呼吸高度困难，可视黏膜发绀或有出血点，濒死期体温下降，天然孔出血（图1-2-24），最后窒息而死。病程为2～5d。

（2）痈型炭疽　咽、颈、胸前、腹下、乳房或外阴部出现界限明显的局灶性炎性水肿，常称"炭疽痈"。

2．病理变化　急性炭疽以败血性变化为主，皮下胶样浸润，全身淋巴结肿胀、出血、水肿。脾脏肿大呈"败血脾"（图1-2-25、图1-2-26）。心肌松软，心内外膜出血。

图1-2-25　败血脾（1）

脾脏肿大、质软、呈紫黑色

（Roger W.Blowey，A.David Weaver，2004.牛病彩色图谱，齐长明译）

图1-2-26　败血脾（2）

切面色紫黑，脾髓软化呈糊状，似煤焦油

（张旭静，2003.动物病理学检验彩色图谱）

痈型炭疽：痈肿部位的皮下有明显的出血性胶样浸润（图1-2-27），附近淋巴结肿大，周围水肿（图1-2-28），淋巴结切面呈暗红色或砖红色。

图1-2-27　皮下呈淡黄色胶样浸润及出血，内
　　　　　脏明显出血呈暗红色

（潘耀谦，吴庭才等，2007. 奶牛疾病诊治彩色图谱）

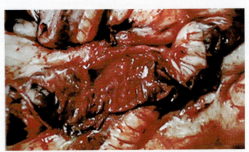

图1-2-28　肠炭疽

空肠黏膜面呈严重的充血、出血、水肿性肥厚。空肠
淋巴结肿大、周围水肿

（张旭静，2003. 动物病理学检验彩色图谱）

七、牛传染性鼻气管炎

牛传染性鼻气管炎（bovine infectious rhinotracheitis，IBR）是由牛传染性鼻气管炎病毒引起牛的一种接触性传染病。

1. 临床症状

（1）呼吸道型　整个呼吸道受损害，其次是消化道。突发高热（40～41.6℃），精神沉郁、拒食，体重减轻，流黏脓性鼻液，鼻黏膜高度充血，表现"红鼻病"（图1-2-29）或"坏死性鼻炎"，张口喘气、咳嗽、排血痢。

（2）生殖道型　母牛表现传染性脓疱阴户阴道炎、交合疹，外阴和阴道黏膜充血潮红（图1-2-30），由配种传染。公牛为传染性脓疱性龟头包皮炎。

图1-2-29　呼吸型：鼻孔周围炎

鼻孔周围皮肤结痂，痂下充血，呈"红鼻子"病变

（陈怀涛，2008. 牛病诊疗原色图谱）

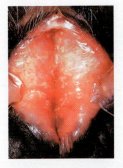

图1-2-30　生殖道型：阴唇黏膜有大量小脓
　　　　　疱，形成传染性脓疱性阴门炎

（潘耀谦，吴庭才等，2007. 奶牛疾病诊治彩色图谱）

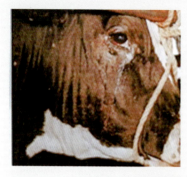

图1-2-31　眼炎型：病牛眼睑浮肿和流泪
(潘耀谦，吴庭才等，2007. 奶牛疾病诊治彩色图谱)

眼炎型为角膜和结膜炎症（图1-2-31）；流产型常于怀孕的第5～8个月发生无前驱症状流产；脑膜脑炎型仅犊牛发生，出现神经症状（图1-2-32），死亡率高可达50%以上。

2. 病理变化　呼吸道型病变为呼吸道黏膜的高度炎症，有浅溃疡，其上覆有灰色、恶臭、脓性渗出物（图1-2-33）。生殖道型可见外阴、阴道、宫颈黏膜、包皮、阴茎黏膜炎症。流产的胎儿有坏死性肝炎和脾脏局部坏死。脑膜脑炎型为脑组织非化脓性炎症变化。

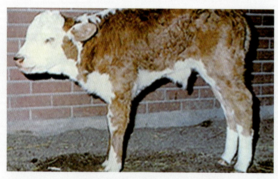

图1-2-32　脑膜脑炎型：病犊沉郁、昏睡，腹部蜷缩，流黏脓性鼻液
(潘耀谦，吴庭才等，2007. 奶牛疾病诊治彩色图谱)

图1-2-33　被覆于喉部黏膜的化脓性假膜
(潘耀谦，吴庭才等，2007. 奶牛疾病诊治彩色图谱)

八、日本血吸虫病

日本血吸虫病（schistosomiasis japonica）是由日本血吸虫引起的一种危害严重的人畜共患寄生虫病，多寄生于门静脉和肠系膜静脉（图1-2-34）内，主要危害人与耕牛。

1. 临床症状　牛犊大量感染尾蚴时呈急性经过，食欲不振、精神萎靡，不规则间歇热，继而消化不良，逐渐消瘦，严重贫血，最后全身衰竭死亡，耐过后成为"侏儒牛"。母牛则不孕或发生流产。

2. 病理变化　特征病变是由虫卵沉着在组织中所引起的虫卵结节，肝脏和肠壁多见，脾、胰、胃、淋巴结、胆囊等偶有虫卵沉积。异位寄生者引起肉芽肿病变（图1-2-35）。

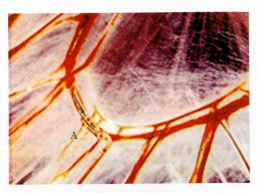

图1-2-34 扩张的肠系膜血管中有血吸虫（A）
寄生

(潘耀谦，吴庭才等，2007. 奶牛疾病诊治彩色图谱)

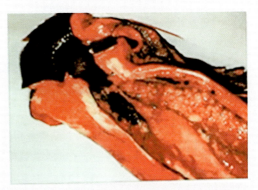

图1-2-35 血吸虫在鼻黏膜静脉中寄生引起肉
芽肿形成

(潘耀谦，吴庭才等，2007. 奶牛疾病诊治彩色图谱)

第三节 牛屠宰检验的品质异常肉

在牛屠宰检验中，有时会遇到色泽和气味异常肉、胴体消瘦和羸瘦、局部病理变化、肿瘤等影响牛肉质量安全的品质异常现象，应注意检验，并对不合格产品进行处理，保证牛肉产品的食用安全。

一、气味异常肉

牛肉气味和滋味异常主要由饲料气味、性气味、病理性气味、药物气味以及肉贮藏于有异味的环境或发生腐败变质等原因引起。

二、色泽异常肉

肉的色泽因动物的种类、性别、年龄、肥度、饲料配方、宰前状态等不同而有所差异。色泽异常肉主要是由病理性因素、腐败变质、冻结、色素代谢障碍等因素造成。

（一）PSE肉

PSE肉（pale, soft and exudative muscle），由于牛宰前受到惊吓、拥挤、饥饿、高温等应激刺激，或者麻电不当，引起机体发生强烈应激反应，肌糖原无氧分解加快，产生大量乳酸和磷酸，表现肌肉显著变白、质地变软、切面湿润、有汁液渗出的PSE肉综合特征。多见于半腱肌、半膜肌和背最长肌。

（二）DFD肉

DFD肉（dark，firm and dry）又称黑干肉，由于牛宰前受应激原长时间轻微刺激，如饲喂规律紊乱、宰前禁食时间过久、环境温度剧变、长途运输等原因，引起肌糖原大量消耗，导致宰后成熟肉中乳酸含量减少，pH接近中性，系水力增强，表现肌肉颜色深暗、质地粗硬、切面干燥的DFD肉综合特征。多见于臀部和股部肌肉。

（三）黄疸肉

黄疸（jaundice，icterus）是因机体胆色素代谢障碍、胆汁分泌和排泄障碍或红细胞破坏过多，导致大量胆红素进入血液将全身各组织染成黄色，可由某些传染病（钩端螺旋体病、无浆体病等）、寄生虫病（日本血吸虫病、肝片吸虫病等）、中毒性疾病（黄曲霉毒素中毒、蕨中毒等）引起。

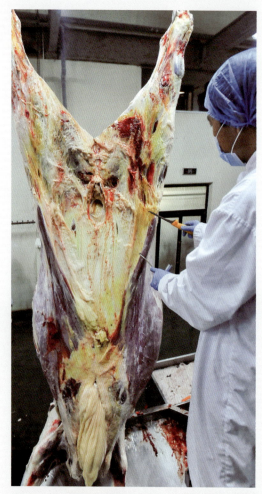

图1-3-1 全身组织黄染，腹壁、大网膜均呈黄色

宰前可见皮肤、虹膜等组织黄染。宰后可见全身组织黄染（图1-3-1），尤以脂肪组织、结膜、关节滑液囊液、组织液、血管内膜、皮肤和肌腱的黄染最为明显，甚至实质器官也有不同程度的黄染（图1-3-2）。黄疸胴体一般随放置时间的延长，黄色不减退甚至会加深。

（四）骨血素病（卟啉沉着症）

因卟啉色素聚集在骨骼引起的疾病。卟啉是血红素不含铁的色素部分，卟啉代谢紊乱引起血红素合成障碍时，

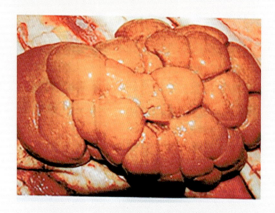

图1-3-2 黄疸病牛肾脏柔软黄染
（朴范泽，2008. 牛病类症鉴别诊断彩色图谱）

卟啉色素沉着于骨骼和其他组织器官。

表现为全身骨骼（图1-3-3）、牙齿（图1-3-4）、内脏呈红褐色、褐色或棕褐色；但骨膜、软骨、韧带及肌腱均不着色，骨结构也不改变。

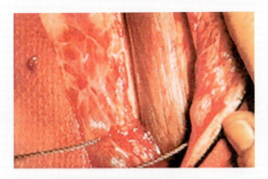

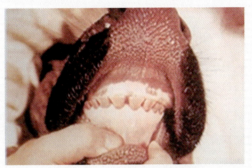

图1-3-3　患牛肋骨呈棕红色

(Roger W.Blowey，A.David Weaver，2004. 牛病彩色图谱，齐长明译)

图1-3-4　患牛牙齿呈棕红色

(Roger W.Blowey，A.David Weaver，2004. 牛病彩色图谱，齐长明译)

（五）黑色素沉着

黑色素异常沉着在组织和器官引起的病理变化，又称黑变病。犊牛、羔羊多见，先天性的发育异常或后天性黑色素细胞扩散、演化时发生。多见于心、肝（图1-3-5）、肺（图1-3-6）、肾、胃肠道等内脏器官，也可见于胸膜、脑膜、脑髓脑膜、淋巴结、皮下和其他器官。沉着区域呈棕褐色或黑色，波及范围由斑点大小至整个器官。

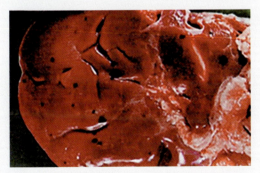

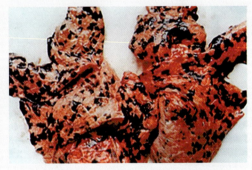

图1-3-5　肝脏内脏面：散在、大小不一的黑色斑

(张旭静，2003. 动物病理学检验彩色图谱)

图1-3-6　肺表面和实质有许多黑色斑块病灶

(张旭静，2003. 动物病理学检验彩色图谱)

三、消瘦和过度羸瘦

1. 消瘦　肌肉萎缩，脂肪减少，常伴有局部或者全身组织器官的病理变化，不

同疾病有不同的病理变化。见于疾病引起的肌肉退行性变化，如慢性消耗性疾病（结核病、副结核病等）可引起机体消瘦。

2.羸瘦　肌肉萎缩，脂肪减少，皮下、体腔和肌间脂肪锐减或消失，但组织器官通常无肉眼可见病理变化。见于饲料不足、饲喂不合理而引起的机体严重消耗，多见于老龄牛（图1-3-7）。

图1-3-7　羸瘦（左）与正常二分胴体
肌肉萎缩，脂肪减少，但无肉眼可见病理变化；右侧为正常二分胴体

四、注水肉

牛肉注水较为多见，注水可达净重量的15%~20%。注水牛肉品质低劣，易造成微生物污染，影响食用安全。在注水的同时，有的也注入了其他物质，对人体健康构成潜在危害。

感官检验特征：注水牛肉的肌肉肿胀，肌纤维结构不清，颜色变浅，表面湿润不粘手，注水冻肉有滑溜感；切面有汁液流出，放置后有浅红色血水流出，吊挂的胴体有红色肉汁滴下，冻肉刀切时有冰碴感；弹性降低，指压后凹陷恢复较慢，按压时能见液体从切面流出；将滤纸条贴在牛肉的新切面后迅速湿透，稍拉即断且易从肉上剥离。冻肉解冻后渗出的血水明显多于正常牛肉的。

五、"瘦肉精"肉

"瘦肉精"非法添加到饲料或饮水中以提高动物瘦肉率和加速动物生长，人摄取一定量的"瘦肉精"就会中毒甚至危及生命。农业部第235号公告《动物性食品中兽药最高限量》规定克仑特罗和莱克多巴胺等β-兴奋剂（β-受体激动剂）为禁止使用的药物，且在动物性食品中不得检出。因此，在牛屠宰中应加强"瘦肉精"检测。

六、组织器官病变

（一）出血

1. **病原性出血**　由病原微生物引起的传染病所致。皮肤、皮下组织、肌肉以及器官的浆膜、黏膜、淋巴结有出血点、出血斑或出血性浸润，并伴有全身性或局部组织器官的各种病变（图1-3-8、图1-3-9）。

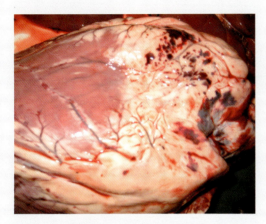

图1-3-8　心脏外膜出血　　　　　　　　图1-3-9　胸膜出血

2. **机械性出血**　由机械力作用所致。牛宰前被驱赶、撞击、外伤、骨折、吊挂等发生于体腔、肌间、皮下和肾周的局部血管破裂，有时出现血肿。

3. **电麻性出血**　牛电麻致昏时，因电压过高或时间过长引起的出血。多见于肺脏，两侧膈叶背缘的肺膜下，呈新鲜的、散在的、放射状的出血点，有时密集成片。

4. **呛血**　因切颈法屠宰时切断三管，流出的血液被吸入肺脏引起，常局限于肺膈叶背缘。呛血区外观呈鲜红色由无数弥漫性放射状小红点组成，范围不规则，富有弹性。切开肺组织呈弥漫性鲜红色或暗红色，支气管和细支气管内有游离的凝血块，支气管淋巴结不肿大。

（二）组织水肿

在牛屠体上的任何部位发现水肿时，首先应排除炭疽；其次要判明水肿的性质，即炎性水肿还是非炎性水肿。

1. **全身性水肿**　多由心力衰竭、肝病、肾病、营养不良所致。可见皮下组织显著水肿增厚（图1-3-10），伴有其他组织器官的水肿，表现为组织肿胀、弹性减退，还可形成体腔积水。

2. 局限性水肿　多由感染、中毒、缺氧或外伤所致。如皮下水肿（图1-3-11）、器官炎性水肿（图1-3-12）、肌肉水肿（图1-3-13）等。

图1-3-10　病牛胸前明显水肿

（潘耀谦、吴庭才等，2007.奶牛疾病诊治彩色图谱）

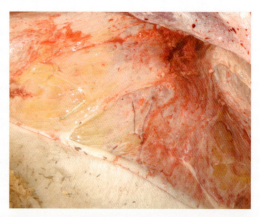

图1-3-11　病牛腹部皮下严重水肿，呈淡黄色胶冻状，伴有出血

图1-3-12　肠系膜水肿

空肠系膜水肿，呈淡黄色胶冻状

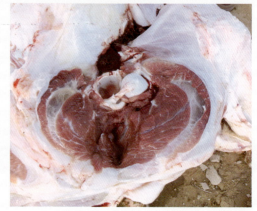

图1-3-13　肌肉水肿

左后肢肌肉水肿，肌群分离，间质增宽，呈灰白色半透明的胶冻状

（三）蜂窝织炎

由细菌（主要为溶血性链球菌）引起皮下、肌间等疏松结缔组织内的急性弥漫性化脓性炎症。病初皮肤有界限不清的红肿，中心软化、波动或破溃，继而形成肉芽肿。严重时发生败血症，表现为胴体放血不良，淋巴结、心、肝、肾等充血、出血和变性等（图1-3-14）。

图1-3-14　蜂窝织炎

牛腹部皮下及肌肉明显增宽，切面呈蜂窝状，新鲜组织时从大小不等的蜂窝内流出脓性液体（腹腔穿刺引起）

（四）创伤性心包炎

由金属或尖锐异物穿透网胃经膈肌，再向前刺伤心包所致，心包壁显著增厚，心包腔扩张，蓄积大量污秽的含气泡并散发恶臭的淡黄色纤维蛋白或脓性渗出物（图1-3-15）；心包脏面和心外膜表面附着渗出物，剥离后心外膜混浊粗糙，充血、出血；心包、横膈、网胃发生粘连，可见异物刺穿的瘘管（图1-3-16）。

图1-3-15　牛创伤性心包炎

心包腔增大，内有大量血样污浊液体，心包内膜和心外膜因渗出物机化而增厚，呈污绿色

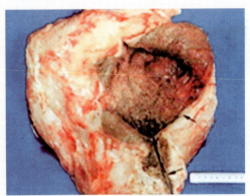

图1-3-16　心包粘连与心肌有一化脓瘘管

（潘耀谦，吴庭才等，2007.奶牛疾病诊治彩色图谱）

（五）脂肪坏死

主要为营养性脂肪坏死，多见于慢性消耗性疾病或恶病质，肥胖牲畜的急性饥

饿、消化障碍或其他疾病。病变多见于肠系膜、网膜和肾周围脂肪（图1-3-17、图1-3-18）。病变脂肪呈白垩色，暗淡无光，质硬。早期脂肪组织散在粉笔灰样淡黄或白色坏死点，后期成块状或结节状，周围通常呈现炎性变化。

图1-3-17　肾周围脂肪组织坏死（1）

坏死的脂肪组织呈黄白色干酪样，粗糙、不透明

图1-3-18　肾周围脂肪组织坏死（2）

脂肪组织中散在的淡黄、白色坏死

（六）脓毒症

病原在局部感染引起化脓性炎症，而后在血液内大量繁殖，随血流散播到全身各组织器官，形成多发性转移性化脓病灶（图1-3-19、图1-3-20）。任何部位的感染，如肺炎、腹膜炎、泌尿系统感染、蜂窝织炎、脑膜炎、化脓性子宫内膜炎、创伤感染的脓肿等，可能引起全身炎症反应综合征的脓毒症。

图1-3-19　肝表面和切面密布大小不一的脓肿

图1-3-20　肺组织内密布小的脓肿，左侧肺心叶完全实变，表面密布细小的化脓灶

（七）神经纤维瘤

牛的神经纤维瘤首先见于心脏，当发现心脏四周神经粗大如白线，向心尖处聚集或呈索状延伸时，应切检腋下神经丛。腋下神经粗大、水肿呈黄色。严重时粗大如板，灰白色，有韧性生有囊泡，内有无色的囊液中浮杏黄色的核，分别向两端延伸。腰荐、坐骨神经也有相似病变。

（八）牛白血病

全身淋巴结均显著肿大、切面呈鱼肉样、质地脆弱、指压易碎（图1-3-21），实质脏器，如肝脏、脾脏、肾脏（图1-3-22）等均见肿大，脾脏的滤泡肿胀呈西米脾样（图1-3-23），骨髓呈灰红色。

图1-3-21　病牛肩前淋巴结肿大出血

（朴范泽，2008．牛病类症鉴别诊断彩色图谱）

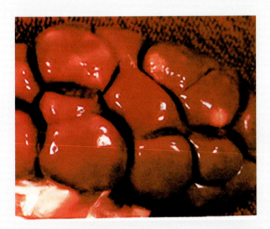

图1-3-22　肾表面可见地图状或球状的髓样白色结节，是胸腺型牛白血病的肾脏转移

（张旭静，2003．动物病理学检验彩色图）

图1-3-23　脾脏极度肿大，被膜增厚、硬实，边缘钝圆，切面隆突，脾髓呈颗粒状（西米脾）

（张旭静，2003．动物病理学检验彩色图谱）

宰后检验中发现可疑肿瘤，有结节状的（图1-3-24）或弥漫性增生的（图1-3-25），单凭肉眼难于确诊，发现后应将胴体及其产品先行隔离冷藏，取病料送病理学检验，按检验结果再做出处理。

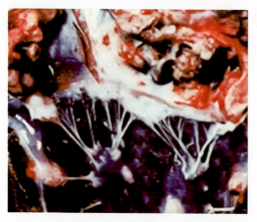

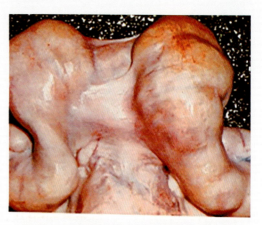

图1-3-24　切开右心室,见整个心脏有粟粒大至蚕豆大的灰黄色、髓样、质软的肿瘤结节,两心耳和三尖瓣形成隆起的菜花样肿瘤

(张旭静,2003.动物病理学检验彩色图谱)

图1-3-25　子宫全部发生肿瘤化,子宫壁弥漫性肥厚,切面呈灰白色、髓样

(张旭静,2003.动物病理学检验彩色图谱)

第四节　牛屠宰检验检疫的消毒及人员防护

一、人员防护

(一)资格的要求

从事屠宰加工作业的生产人员,应经过专业培训,考核合格,且必须经卫生防疫部门体检合格获得健康证明(图1-4-1)方可上岗。组织每年定期或不定期的

图1-4-1　生产人员健康证明

操作规范和职业道德培训与考核，记录存档。长期从事屠宰加工（检验）作业的生产人员，至少每年进行一次健康检查。凡患影响食品卫生的疾病者，均应调离或停止屠宰加工（检验）工作岗位，痊愈后经卫生防疫部门检查合格后方可重新上岗。

（二）个人防护

屠宰加工企业的全体工作人员，应定期接受必要的预防注射等卫生防护，以免感染人兽共患病。

接触过炭疽等烈性传染病病畜及其产品的人员，应做相应的预防和治疗，其工作服、口罩、胶鞋及工具等必须严格消毒。

车间内应配备外伤急救箱。凡受伤的人员，应立即停止作业，采取妥善处理措施。在未妥善处理之前，不得继续进行屠宰加工生产或检验工作。

（三）着装要求

屠宰加工人员应保持个人清洁，穿清洁的工作衣、胶靴，并戴好工作帽和口罩等（图1-4-2），离开车间时换下工作服、帽、鞋，禁止在生产车间更衣；与水接触较多的生产人员，应穿不透水的衣、裤和戴不透水的护袖（图1-4-3）。不同卫生要求的区域或岗位的人员应穿不同颜色或标志的工作服、戴工作帽，且不得串岗。

图1-4-2　进入生产区前的更衣要求

图1-4-3　穿不透水的围裙和戴不透水的护袖

工厂应设立专用洗衣房，工作服集中管理，统一清洗消毒，统一发放（图1-4-4）。

图1-4-4   专用洗衣房

(四)卫生习惯

进出车间必须经过车间门前的消毒池消毒(图1-4-5、图1-4-6)。不得在车间饮水、进食、吸烟,不许随地吐痰,不准对着产品咳嗽、打喷嚏。饭前、便后、工作前后要洗手。

图1-4-5   经消毒池进出屠宰车间

图1-4-6   人员消毒通道

二、消毒

消毒是指利用物理、化学等方法杀死或去除环境中媒介物携带的除细菌芽孢以外的病原微生物或有害微生物,以防止疫病传播和危害发生的措施。

(一)车辆消毒

屠宰企业车辆入口处设置消毒池(图1-4-7、图1-4-8),池内应放置2%~3%氢氧化钠溶液或含有效氯在600~700mg/L的消毒溶液。同时,配置低压消毒器械,对进出场车辆进行喷洒消毒。

车辆装运前先进行清扫，然后用0.1%苯扎溴铵溶液消毒；装运过健康畜禽的，经一般清扫后，用60~70℃的热水冲洗消毒（图1-4-9）；装运过患病畜禽的，清扫后用4%的氢氧化钠溶液消毒2~4h后用清水冲洗；装运过恶性传染病畜禽的，先用4%甲醛溶液或漂白粉澄清溶液（0.5kg/m²）喷洒消毒，保持30min后再用热水仔细冲洗，然后再用上述消毒液进行消毒（1kg/m²）。

图1-4-7 进出场消毒池

图1-4-8 运牛车经过消毒池进场

图1-4-9 牛卸载后清洗、消毒运牛车

（二）圈舍消毒

要求进圈前清洗，出圈后清扫消毒（图1-4-10、图1-4-11）。先清除粪便等污物，再用高压清洗消毒机冲洗地面和围栏，喷洒消毒液停留15min再清洗干净。

图1-4-10 待宰圈清洗

图1-4-11 待宰圈消毒

（三）车间消毒

屠宰、分割车间、加工场地及包装车间每日班前班后各清洗消毒1次，将地面、墙面、操作台、器具、设备等彻底冲洗干净后（图1-4-12），有条件的企业用紫外线或臭氧消毒2h（图1-4-13）。

图1-4-12　屠宰车间彻底冲洗干净

图1-4-13　臭氧发生器

（四）刀具消毒

屠宰和检验刀具每天洗净、煮沸消毒后在0.1%的苯扎溴铵、0.5%过氧乙酸溶液等浸泡消毒。屠宰过程中与胴体接触的工具应用不低于82℃的热水消毒（图1-4-14），做到一牛一刀，如所用工具（刀、钩等）触及带病菌的屠体或病变组织时应将工具彻底消毒后再继续使用。

图1-4-14　工具用82℃热水消毒

（五）冷库消毒

应做好定期消毒计划，消毒前先将库内的物品全部搬空，升高温度，用机械方法清除污物、冰霜、霉菌，然后用5%~10%的过氧乙酸、乳酸溶液电热熏蒸。发生疫情时应进行紧急消毒，将库内搬空后在低温条件下用过氧乙酸或乳酸加热熏蒸。消毒完毕后，打开库门通风换气，驱散消毒药气味。注意冷库消毒不能使用剧毒的药物。

（六）人员消毒

车间、卫生间入口及靠近工作台的地方，应设有洗手、消毒（图1-4-15）、干手设施（图1-4-16）。工作人员进入生产区前，用二氧化氯、次氯酸钠或用0.002 5%的碘溶液洗手消毒。分割和包装车间工作人员每60 min用75%的酒精对手消毒1次。生产结束后，更换工作衣帽，对双手进行彻底消毒后离开生产区（图1-4-17）。

图1-4-15　车间入口处洗手消毒设备

图1-4-16　车间入口处干手器

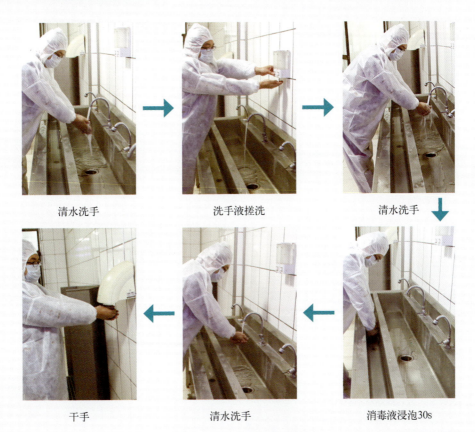

| 清水洗手 | 洗手液搓洗 | 清水洗手 |

| 干手 | 清水洗手 | 消毒液浸泡30s |

图1-4-17　洗手消毒程序

第五节　牛屠宰工艺流程

　　牛的屠宰按GB/T 19477《牛屠宰操作规程》执行。从宰杀放血到胴体进冷却间的时间不超过45min，其中从放血到取出内脏的时间不得超过30min。在每个工艺环节中都应该注意卫生操作，防止肉品污染，设置必要的检查点。待宰、屠宰加工、称重、冷却等环节应根据工艺要求设置信息采集点。牛屠宰工艺流程及检验检疫岗位设置流程见图1-5-1，屠宰企业可依据设备情况安排工艺流程。

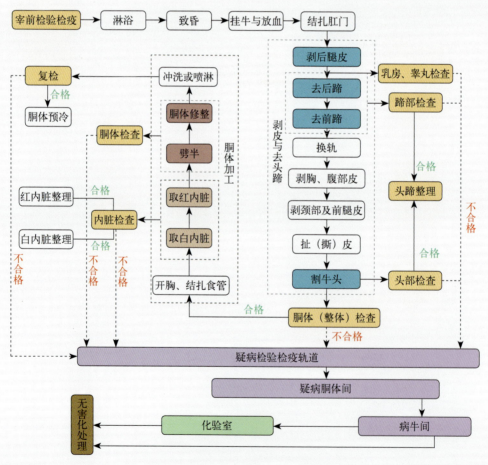

图1-5-1　牛屠宰工艺流程及检验岗位设置

一、宰前要求

1. 待宰前牛体充分沐浴，体表无污垢（图1-5-2、图1-5-3）。淋浴水温18～20℃，严寒、寒冷地区的待宰冲淋间应有防寒措施。当环境温度低于5℃时，禁止使用淋浴设施。注意：淋浴时要控制水压，不要过急，以免造成牛过度紧张。

图1-5-2　待宰圈牛淋浴

2. 牛只通过赶牛道时，应按顺序赶送（图1-5-4），不能用硬器鞭打牛体。

图1-5-3　赶牛通道待宰牛淋浴

图1-5-4　牛只通过赶牛道

二、屠宰操作规程及操作要求

（一）致昏

致昏方法可采用电击昏、气动击昏或机械致昏，致昏要适度，牛应昏而不死。

图1-5-5　麻电法制昏

1. 麻电法　用单杆式电麻器击牛体，使牛昏迷（电压不超过200V，电流强度为1～1.5A，电麻时间为7～30s）（图1-5-5）。

2. 机械致昏

（1）刺昏法　固定牛头，用尖刀刺牛的头部"天门穴"（牛角两连线中点后移3cm）使牛昏迷。

（2）击昏法　用击昏枪对准牛的双

角与眼对角线交叉点（图1-5-6），启动击昏枪使牛昏迷（图1-5-7）。

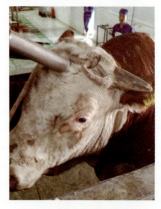

图1-5-6　击昏枪位置

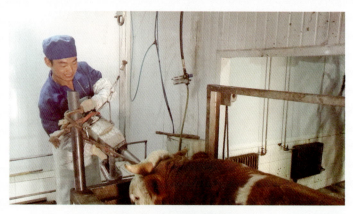

图1-5-7　击昏法制昏

（二）挂牛

1．用高压水冲洗后腿部、肛门周围及牛腹部（图1-5-8）。

2．用扣脚链扣紧牛的右后小腿，匀速提升，使牛后腿部接近输送机轨道，然后挂至轨道链钩上（图1-5-9）。

3．挂牛要迅速，从击昏到放血之间的时间间隔不超过1.5min。

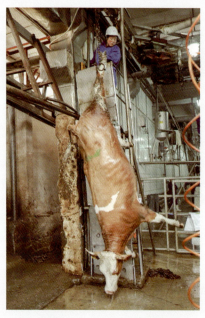

图1-5-8　高压水冲洗

图1-5-9　挂牛

（三）放血

从牛喉部下刀，横断食管、气管、动脉血管（图1-5-10）。放血完全，时间不少于20s，电刺激可促进放血（图1-5-11）。刺杀放血刀应每次消毒，轮换使用。

图1-5-10　切颈法放血

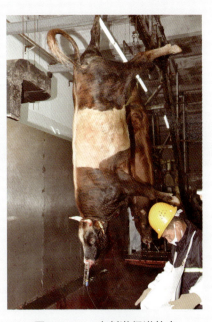

图1-5-11　电刺激促进放血

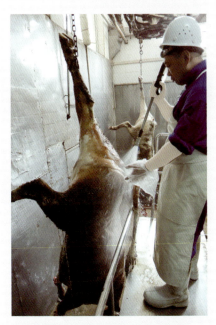

图1-5-12　结扎肛门（1）

（四）结扎肛门

冲洗肛门周围，将橡皮筋套在左臂上，将塑料袋反套在左臂上（图1-5-12），左手抓住肛门并提起；右手持刀将肛门沿四周割开并剥离，随割随提升，提高至10cm左右（图1-5-13）。将塑料袋翻转套住肛门，将橡皮筋扎住塑料袋，将结扎好的肛门送回深处（图1-5-14）。

（五）剥后腿皮

从跗关节下刀，刀刃沿后腿内侧中线向上挑开牛皮，沿后腿内侧线向左右两侧剥离（图1-5-15）。从跗关节上方至尾根部牛皮同时割除生殖器（图1-5-16、图1-5-17），割掉尾尖放入指定器皿中。

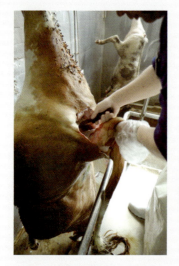
图1-5-13　结扎肛门（2）

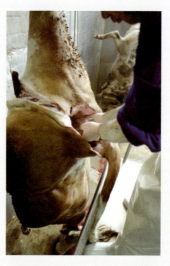
图1-5-14　结扎肛门（3）

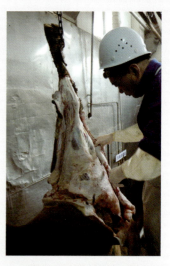
图1-5-15　剥后腿皮

图1-5-16　割除睾丸

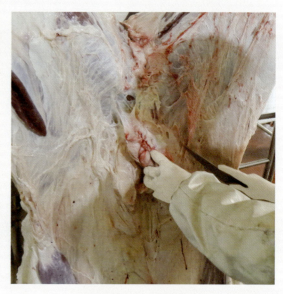
图1-5-17　割除乳房

（六）去后蹄

从跗关节下刀，割断连接关节的结缔组织、韧带及皮肉，割下后蹄放入指定的容器中（图1-5-18）。

（七）去前蹄

从腕关节处下刀，割断连接关节的结缔组织、韧带及皮肉，割下前蹄放入指定的容器内（图1-5-19）。

图1-5-18　去后蹄　　　　　　　　　　　图1-5-19　去前蹄

（八）剥胸、腹部皮

用刀将牛胸腹部皮沿胸腹中线从胸部挑到裆部，再沿腹中线向左右两侧剥开胸腹部牛皮至肷窝止（图1-5-20）。

图1-5-20　剥胸、腹部皮

（九）剥颈部及前腿皮

从腕关节下刀，沿前腿内侧中线挑开牛皮至胸中线（图1-5-21）。沿颈中线自下而上挑开牛皮。从胸颈中线向两侧进刀，剥开胸颈部皮及前腿皮至两肩止

（图1-5-22）。

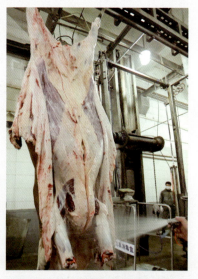

图1-5-21 剥颈部及前腿皮（1）　　　　　　图1-5-22 剥颈部及前腿皮（2）

（十）扯（撕）皮

用锁链锁紧牛后腿皮，启动扯皮机由上到下运动，将牛皮卷撕。要求皮上不带膘，不带肉，皮张不破（图1-5-23、图1-5-24）。

图1-5-23 扯皮（1）　　　　　　　　　　图1-5-24 扯皮（2）

扯皮机匀速向下运动，边扯边用刀轻剥皮与脂肪、皮　　扯到头部时，把不易扯开的部位用刀剥开，扯完皮后
与肉的连接处　　　　　　　　　　　　　　　　　　　将扯皮机复位

（十一）割牛头

用刀在牛脖一侧割开一个手掌宽的孔，将左手伸进孔中抓住牛头。刀口与第一寰椎平齐。沿放血刀口处割下牛头，挂同步检验轨道。

（十二）开胸、结扎食管

从胸软骨处下刀，沿胸中线向下贴着气管和食管边缘，锯开胸腔及颈部（图1-5-25、图1-5-26）。剥离气管和食管（图1-5-27），将气管与食管分离至食管和胃结合部。将食管顶部结扎牢固，使内容物不流出。

注意：若万一被胃肠内容物、尿液和胆汁所污染，应立即将胴体冲洗干净，另行处理。

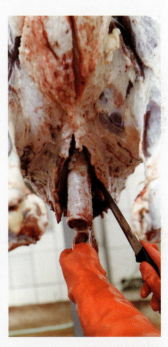

图1-5-25 开胸骨（1）	图1-5-26 开胸骨（2）	图1-5-27 剥离气管和食管
从胸软骨处下刀，沿胸中线划开胸部肌肉至颈部	将劈胸锯锯头放到胸软骨处，沿胸骨中间锯开胸腔及颈部	

（十三）取白内脏

在牛的裆部下刀向两侧进刀，割开肉至骨连接处。刀尖向外，刀刃向下，由上向下推刀割开肚皮至胸软骨处（图1-5-28）。用左手扯出直肠，右手持刀伸入腹腔，从左到右用刀割离腹腔内结缔组织（图1-5-29）。用力按下牛肚，取出胃肠（图1-5-30）送入同步检验检疫盘，然后扒净腰油。取出牛脾挂到同步检验检疫轨道。

图1-5-28 剖腹

反手握刀，刀尖向外，刀刃向下，由上向下推刀割开肚皮至胸软骨处

图1-5-29 取白内脏

用左手扯出直肠，右手持刀伸入腹腔，从左到右用刀割离腹腔内结缔组织

图1-5-30 取白内脏

取出胃肠，使白内脏脱离腹腔落入下面的气动白内脏滑槽送入同步检验检疫盘

（十四）取红内脏

　　左手抓住腹肌一边，右手持刀沿体腔壁从左到右割离横膈肌，割断连接的结缔组织（图1-5-31），留下小里脊。取出心、肝、肺（图1-5-32），挂到同步检验检疫轨道。割开牛肾的外膜，取出肾并挂到同步检验检疫轨道，也可在胴体上进行检验检疫。冲洗胸腹腔（图1-5-33）。

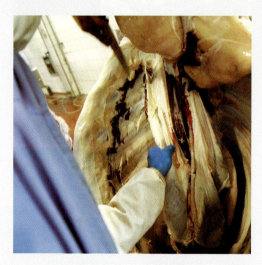

图1-5-31 取横膈肌

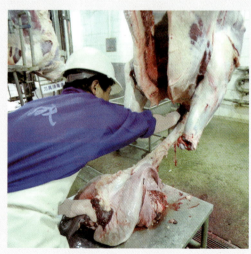

图1-5-32 取心肝肺

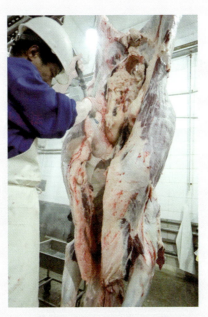

图1-5-33　冲洗胸腹腔

（十五）劈半

在荐椎和尾椎连接处割下牛尾（图1-5-34），放入指定容器中。将劈半锯对正牛脊柱的中心，在耻骨连接处的中线位置下锯，从上到下匀速地沿牛的脊柱中线将胴体劈成二分体（图1-5-35），要求不能劈斜、断骨，应露出骨髓。

图1-5-34　去牛尾

图1-5-35　劈　半

（十六）胴体修整

取出骨髓（图1-5-36）、腰油（图1-5-37）放入指定容器内。一手拿镊子，一手持刀，用镊子夹住所要修割的部位，修去胴体表面的淤血、淋巴、污物和浮毛等不洁物，注意保持肌膜和胴体的完整（图1-5-38）。

图1-5-36　抽取脊髓

图1-5-37　取腰油

图1-5-38　胴体修整

（十七）冲洗或喷淋

用32℃左右温水，由上到下冲洗整个胴体内侧及锯口、刀口处（图1-5-39、图1-5-40）。

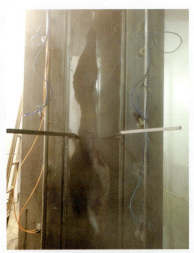

图1-5-39　胴体冲洗　　　　　　　　　　　　图1-5-40　胴体喷淋

（十八）检验检疫

头蹄、内脏、胴体等的检验检疫详见第三章。

（十九）胴体预冷

将预冷间温度降至−2～4℃。推入胴体，胴体间距保持不少于10cm（图1-5-41）。启动冷风机，使库温保持在0～4℃，相对湿度保持在85%～90%。预冷后检查胴体pH及深层温度，符合要求进行剔骨、分割、包装。

图1-5-41　采用二分胴体悬挂方式冷却

三、内脏整理

摘除的内脏经检验后应立即送往内脏整理车间分别整理加工（图1-5-42），不得长时间堆放积压，以防腐烂变质。屠体的心、肝、肺、肠、胃、头、蹄、尾的加工应分别在隔开的房间里或不同清洁区进行。

图1-5-42　白内脏加工

白内脏加工间应配置肠胃接收台、清洗池、暂存台（池）等。工艺布置应做到脏净分开，产品流向一致、互不交叉。

四、分割加工

分割加工宜采用下列工艺流程：宰后合格牛二分胴体→冷却→分切四分体（编号贴标信息采集）→剔骨→分割→包装→鲜销或冻结（图1-5-43至图1-5-48）。

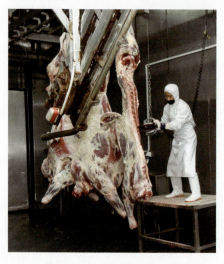

图1-5-43　四分体锯分割　　　　　图1-5-44　悬挂手工分割

图1-5-45 剔 骨

图1-5-46 分 割

图1-5-47　称重、包装

图1-5-48　冻　结

第二章

牛宰前检验检疫

宰前检验检疫是指官方兽医按照法定程序，采用规定的技术和方法，对屠宰牛实施的查证验物、活体健康检查及结果处理。

按照农医发［2010］27号《牛屠宰检疫规程》和农医发［2010］20号《反刍动物产地检疫规程》及GB 18393—2001《牛羊屠宰产品品质检验规程》的规定，牛的宰前检验检疫包括验收、待宰和送宰等环节，宰前检验检疫程序及岗位设置见图2-0-1。

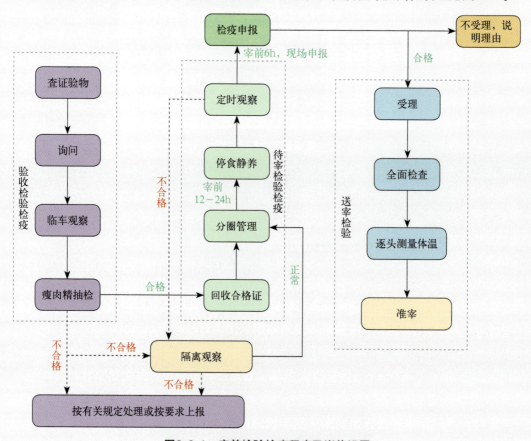

图2-0-1　宰前检验检疫程序及岗位设置

第一节　验收检验检疫

一、查证验物

查验入厂（场）牛的《动物检疫合格证明》和佩戴的畜禽标识（图2-1-1至图2-1-4）。

图2-1-1　运牛人员向检疫人员提交检疫证明　　图2-1-2　动物检疫合格证明
（动物A）

图2-1-3　动物检疫合格证明（动物B）　　图2-1-4　检疫人员检查耳标并核对牛的种类和数目

二、询问

了解牛在运输途中有
关情况，如有无病、死情
况（图2-1-5）。

三、临车观察（临
床检查）

检查牛群的精神状况、
外貌、呼吸状态及排泄物
状态等情况（图2-1-6）。注

图2-1-5　询　问

意有无精神不振、严重消瘦、站立不稳、咳嗽、气喘、呻吟、流涎、昏睡、腹泻等异常情况（图2-1-7）。

图2-1-6　临车观察

图2-1-7　病牛精神沉郁（黑色牛），卧地不起，咬绳索不放（棕色牛）

四、瘦肉精抽样检测

牛排尿时，用一次性杯子直接接取尿液（图2-1-8），进行瘦肉精抽样检查。目前，牛屠宰场主要应用胶体金免疫层析法进行盐酸克仑特罗、莱克多巴胺及沙丁胺醇的快速检测（图2-1-9）。

图2-1-8　采集牛尿液

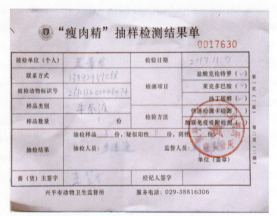

图2-1-9　瘦肉精抽样检测结果单

此外，有的企业通过牛尾部采血（图2-1-10），离心后取血清（图2-1-11）用胶体金试纸条初筛（图2-1-12），然后再用ELISA方法进行确证。

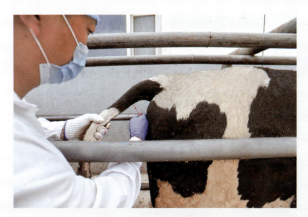

图2-1-10　牛尾部采血

图2-1-11　离心取血清

图2-1-12　试纸条检测

五、回收证明、分圈管理

1. 回收证明　入厂（场）并回收《动物检疫合格证明》（图2-1-13）。

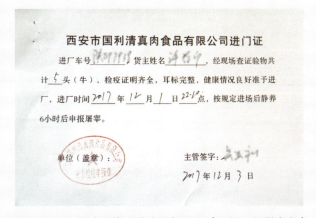

西安市国利清真肉食品有限公司进门证

进厂车号 _____ 货主姓名 许百中 ，经现场查证验物共

计 5 头（牛），检疫证明齐全、耳标完整、健康情况良好准予进

厂，进厂时间 2017 年 12 月 1 日 22:00 点，按规定进场后静养

6小时后申报屠宰。

单位（盖章）：　　　　　　主管签字：吴玉利

　　　　　　　　　　　　　2017年12月3日

图2-1-13　检疫合格后准许进场证明（示例，仅供参考）

2．分圈管理　卸车时观察牛的健康状况（图2-1-14），按检查结果进行分圈管理。合格的牛送入待宰圈（图2-1-15）；可疑病牛送隔离圈观察，病牛和伤残牛送急宰间处理。

分圈原则：不同产地、不同货主、不同批次、不同性别的牛不得混群。

图2-1-14　卸载时牛动态观察　　　　　图2-1-15　卸载后牛进入待宰圈进行分圈管理

第二节　待宰期间的检验检疫

根据农医发〔2010〕27号《牛屠宰检疫规程》等规定，牛的宰前检验检疫主要采用群体检查和个体检查相结合的临床检查方法，按照农医发〔2010〕20号《反刍动物产地检疫规程》中"临床检查"部分实施，必要时进行实验室检查。

一、临床检查

将来自同一地区、同一饲养场、同一运输工具、同一批次或同一圈舍的牛作为一群，分群、分批、分圈通过观察"三态"进行健康检查。主要检查牛群精神状况、外貌、呼吸状态、运动状态、饮水、反刍状态、排泄物状态等。在群体检查中如果发现病牛或可疑有病的牛，要做好记号，以便进行个体检查。

（一）群体检查

1．静态检查　保持自然安静的状态下，检查牛群的健康状况（图2-2-1、图2-2-2）。注意有无精神不振、严重消瘦、站立不稳、独立一隅、咳嗽、气喘、呼吸困难、流涎、昏睡等异常情况。

图2-2-1 待宰圈群体静态观察

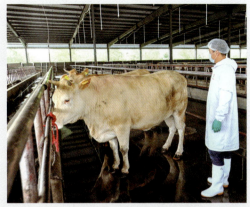

图2-2-2 待宰圈个体静态观察

2．动态检查 注意有无跛行、屈背拱腰、行走困难、共济失调、离群掉队、瘫痪等异常行为（图2-2-3、图2-2-4）。

图2-2-3 待宰圈牛群体动态观察

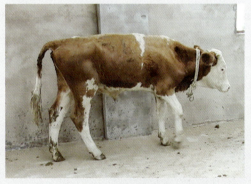

图2-2-4 牛前蹄疼痛，跛行

3．饮态检查 供给牛饮水，检查饮水情况（图2-2-5），排泄物的色泽、质地、气味（图2-2-6、图2-2-7）等有无异常。注意有无不饮或少饮等异常现象。

（二）个体检查

个体检查是对群体检查时发现的异常个体，或者从正常群体中随机抽取的5%～20%个体，逐头进行详细的健康检查。通过视诊、触诊和听诊等方法，检

图2-2-5 饮水状态观察

图2-2-6　粪便性状观察

图2-2-7　尿液性状观察

查牛的个体精神状况、体温、呼吸、皮肤、被毛、可视黏膜、胸廓、腹部及体表淋巴结，排泄动作及排泄物性状等。

1. 视诊　观察牛的精神、外貌、被毛和皮肤、可视黏膜、眼结膜、呼吸、天然孔、鼻唇镜、齿龈、起卧和运动姿势、排泄物等有无异常（图2-2-8至图2-2-15）。

图2-2-8　精神外貌、被毛皮肤等的观察

图2-2-9　睡卧状态观察

图2-2-10　运动姿势观察，明显跛行

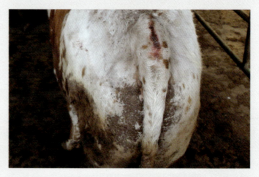

图2-2-11　尾部皮肤损伤

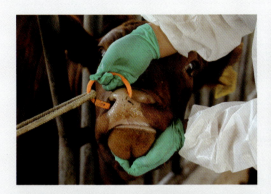

图2-2-12　鼻唇镜观察

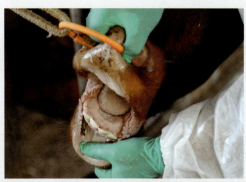

图2-2-13　口腔检查

图2-2-14　眼结膜检查，眼结膜充血

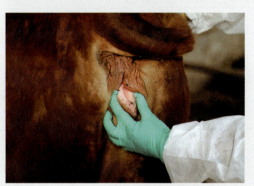

图2-2-15　阴道黏膜检查

2. 触诊　用手触摸牛的耳、角跟、下颌、胸前、腹下、四肢、阴囊及会阴等部位的皮肤有无肿胀、疹块、结节等，体表淋巴结的大小、形状、硬度、湿度、压痛及活动性有无异常（图2-2-16至图2-2-19）。

图2-2-16　体表检查

图2-2-17　肩前淋巴结检查

图2-2-18　下颌淋巴结检查

图2-2-19　下颌淋巴结肿大，病牛呼吸急促，发热

3. 听诊　用耳朵直接听取或借助听诊器，注意有无咳嗽、呻吟、发吭、磨牙、心律不齐、肺脏啰音等异常声音（图2-2-20至图2-2-22）。

图2-2-20　肺脏听诊

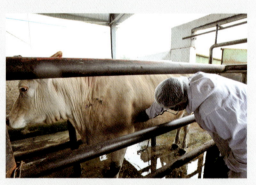

图2-2-21　心脏听诊

图2-2-22　胃肠听诊

4. 体温、呼吸、脉搏测定   必要时，在牛经过充分休息后，用温度计测量其体温（图2-2-23）（牛的正常温度为37.5～39.5℃）。也可测定呼吸、脉搏数（图2-2-24），牛的正常呼吸、脉搏数分别为10～30次/min、50～80次/min。

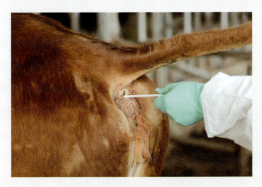
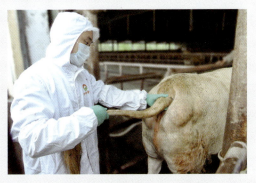

图2-2-23   测定直肠温度   图2-2-24   尾动脉测定脉搏数

二、待宰检查

（一）停食静养、充分饮水

牛在待宰期间，应停食静养12～24h（图2-2-25），充分饮水至宰前3h。目的是为了消除运输途中的疲劳，恢复正常的生理状态，以提高肉品质量。

图2-2-25   待宰圈停食静养

（二）定时观察

待宰期间检验人员应定时观察，每天巡检3次以上，以群体检查为主进行"三态"检查，必要时进行测量体温、听诊等个体检查，方法同前。发现病牛进行隔离或送急宰间处理。

（三）有病隔离

隔离圈内的可疑病牛和病牛经过饮水和适当休息后，进行测温和详细地临床检查（图2-2-26），必要时辅以实验室检验进行确诊。恢复正常的，可以并入待宰圈；症状如仍不见缓解、卧地不起，濒临死亡或已死亡的，按照有关规定及时处理。

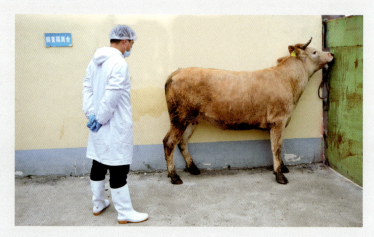

图2-2-26　隔离观察

（四）检疫申报

厂（场）方应在屠宰前6h现场申报检疫，填写检疫申报单（图2-2-27）。检疫人员接到检疫申报后，根据相关情况决定是否予以受理。受理的，应当及时实施宰前检查；不予受理的，应说明理由。

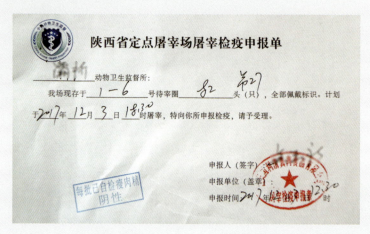

图2-2-27　屠宰检疫申报单（示例）

三、送宰检查

（一）全面检查

屠宰前2h内，应实施一次群检，方法同前。

（二）测量体温

牛应赶入测温巷道逐头测量体温（图2-2-28），剔出患病牛。

图2-2-28　逐头测温

（三）签发证明

经检查合格的，准予屠宰可由检疫人员签发《准宰通知单》（示例见图2-2-29），注明畜种、送宰头数和产地，屠宰车间凭证屠宰。

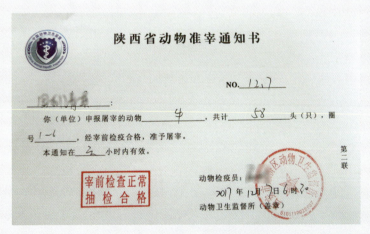

图2-2-29　准宰通知书（示例）

第三节　结果处理

验收检验检疫发现有疫情或可疑疫情时，不得卸载，应立即将该批牛转入隔离圈进行检查和诊断，确诊后按国家有关规定进行处理；死牛、染疫病牛等不得拒收，按国家有关规定进行无害化处理。经宰前检验检疫后的牛，根据检查结果做以下处理。

一、合格处理

经验收检验检疫合格，回收《动物检疫合格证明》，按产地分类分圈管理（图2-1-15）。经过充分休息，宰前检验检疫确认健康的牛只，准予屠宰可由检疫人员签发《准宰证》或《准宰通知单》，注明送宰头数、圈号和产地。

二、不合格处理

经检验检疫，不符合《牛屠宰检疫规程》的规定，如证物不符、无动物检疫合格证明或检疫证明无效、未佩戴耳标，或者使用违禁药物（如瘦肉精检测阳性的）、注水或者注入其他物质，发病或疑似发病、病死等情况，按照《中华人民共和国动物防疫法》《重大动物疫情应急条例》《动物疫情报告管理办法》和农医发［2017］25号《病死及病害动物无害化处理技术规范》等有关规定处理。

1. 发现有口蹄疫、牛传染性胸膜肺炎、牛海绵状脑病及炭疽等症状的，严禁宰杀，封锁现场，限制移动。屠宰企业启动重大疫病应急预案。

病牛和同群牛禁止宰杀，用密闭运输工具运到指定地点，用不放血的方法扑杀，尸体销毁。应在2h内向当地兽医行政主管部门、动物卫生监督部门或动物疫病预防控制机构报告疫情，以便采取防制措施。

2. 发现布鲁氏菌病、牛结核病病症的，病牛全部扑杀后销毁；发现牛传染性鼻气管炎病的，病牛扑杀后化制处理。对同群牛隔离观察，由指定的具有资质的实验室进行检验。阳性者处理同上，阴性者确认无异常的，准予屠宰。

3. 怀疑患有《牛屠宰检疫规程》规定疫病及临床检查发现其他异常情况的，按相应疫病防治技术规范进行实验室检测，并出具检测报告。

4．发现患有《牛屠宰检疫规程》规定以外疫病的，隔离观察，确认无异常的，准予屠宰；隔离期间出现异常的，按照农医发［2017］25号《病死及病害动物无害化处理技术规范》等有关规定处理。

5．确认为无碍于肉食安全且濒临死亡的牛只，视情况进行急宰。急宰间（图2-3-1、图2-3-2）凭宰前检验人员签发的急宰证明，及时屠宰检验。在检验过程中发现难于确诊的病变时，应请检验负责人会诊和处理。

图2-3-1　急宰间入口　　　　　　　　　图2-3-2　急宰间内观

第三章

牛宰后检验检疫

宰后检验检疫是牛屠宰检验检疫最关键环节，也是宰前检验检疫的继续和补充。发现宰前检验检疫中难以发现的、处于潜伏期或者症状不明显的一些疫病及普通病、色泽和气味异常肉、肿瘤等，并依照有关规定严格执行宰后检验检疫后的病害牛及其产品的无害化处理，不可降低或减轻处理标准，确保肉品食用安全。

第一节　牛宰后检验检疫概述

宰后检验检疫要求检验检疫人员按照农医发［2010］27号中《牛屠宰检疫规程》和GB 18393—2001《牛羊屠宰产品品质检验规程》等规定的程序和方法予以实施。

一、宰后检验检疫的方法

（一）宰后检验检疫方法

以感官检查为主，包括视检、触检、嗅检和剖检，剖检是借助检验工具剖开组织器官进行检验的方法，在淋巴、内脏、肌肉等组织器官检验中较为常见。必要时采用实验室方法，重点是疫病和违禁药物检测，由省级动物卫生监督机构指定的具有资质的实验室承担，并出具检测报告。

（二）检验检疫器具及使用方法

宰后检验检疫使用的器具主要有检验检疫刀、检验检疫钩和磨刀棒（圆挫钢）（图3-1-1）。每位检验检疫人员应备有两套器具，以便随时更换。检验器具如被污染，应立即进行消毒，另用备用检验器具进行检验。

1. 检验检疫钩的使用方法　通常左手持检验检疫钩，将钩尖插入软组织内，左手向左、或向右或向下用力拉紧检验检疫钩固定被检软组织。但决不能用检验检疫钩向上拉紧固定，避免误伤自己的头部。

2. 检验检疫刀的使用方法　检验检疫刀的刀柄前端下方要有护手装置（图3-1-2），避免自伤；刀刃前端有一定的弧度，便于剖检；靠近刀柄的刀背上方要有加

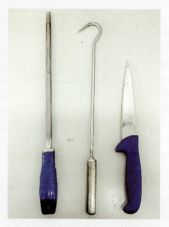

图3-1-1　宰后检验检疫工具
挡刀棒、检验检疫钩、检验检疫刀

厚装置，防止伤拇指（图3-1-3）。

　　检验时，通常右手握刀，并用大拇指按住检验刀背以保持刀的稳定。剖检时一般是由上向下或由左向右运刀，提倡"一刀剖开"，要用刀刃借平稳的滑动动作切开组织器官。

　　注意：必须在规定的检查部位剖开，严禁任意切割或拉锯式切割。

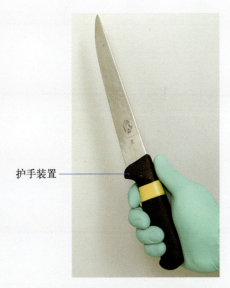

护手装置

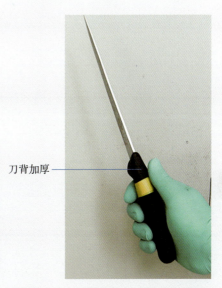

刀背加厚

图3-1-2　检验检疫刀护手装置　　　　图3-1-3　检验检疫刀刀背加厚装置

二、宰后检验检疫技术要领及剖检技术要求

　　宰后检验检疫是在牛屠宰加工流水线下，对屠宰牛的头蹄、内脏、胴体等进行全面检查。主要是运用兽医病理学、传染病学、寄生虫学和实验室诊断技术等，在高速流水作业条件下，迅速、准确对屠体的状况做出正确判断，这需要掌握各种疫病典型的"特征性病理变化"。例如，结核病的特征性病变为胴体消瘦，器官或组织形成结核结节或干酪样坏死。胸膜和肺膜的形如珍珠状密集的结核结节（图1-2-23）。

　　1．剖检操作顺序：先上后下、先左后右，先重点后一般，先疫病后品质。

　　2．检查时不可过度剖检，随意切割，要保证商品的完整性，发现疫病时除外。

　　3．检查肌肉组织时应顺肌纤维方向切开（图3-1-4），

图3-1-4　检查肌肉沿肌纤维方向切开

横断肌肉会同时切断血管，血液涌出影响疫病判断。同时横断肌纤维后向两端收缩，形成敞开性切口，导致细菌的侵入或蝇蛆的附着，不但影响肉品质量，还会影响商品外观。

4．检查淋巴结时，应沿长轴纵切，切开上2/3～3/4（图3-1-5），将剖面打开进行视检。杜绝将淋巴结横断或切成两半，并减少伤及周围组织。

5．检查肺脏、肝脏、肾脏时，检验检疫钩应钩住这些器官"门部"附近的结缔组织，如肝门（图3-1-6），不能钩住器官的实质部分，否则会钩破内脏器官，破坏商品的完整性。

图3-1-5　淋巴结检查方法：纵切淋巴
结至开2/3~3/4

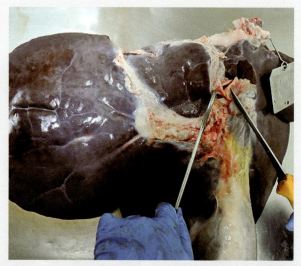

图3-1-6　肝脏检查固定方法：剖检时钩住肝门附近的
结缔组织

三、同步检验检疫

同步检验检疫是指与屠宰操作相对应，将畜禽的头、蹄（爪）、内脏与胴体生产线同步运行，对照检验检疫和综合判断的一种检查方法。内脏同步检验检疫线有悬挂和盘式输送两种形式，均符合卫生检验要求。

同步检验检疫必须边屠宰边检查，决不允许屠宰结束或屠宰进行一段时间后再进行检验。同步检验检疫包括四个"同步"：①屠宰与检验检疫同步（图3-1-7）；②胴体与内脏同步运行；③胴体与内脏同步检验检疫；④胴体与内脏同步处理。

图3-1-7　屠宰与检验检疫同步

四、宰后可疑病牛胴体和内脏的处理方法与流程

在宰后检验检疫每个环节中一旦发现有病或可疑传染病或其他危害严重的病变时，应立即做好标记，并将其从主轨道上转入"疑病胴体轨道"，送入"疑病胴体间"，必要时将该病牛的头、蹄、内脏一并送到"疑病胴体间"进行全面剖检诊断（图3-1-8），避免同线操作造成交叉污染。确诊为健康牛的屠体或胴体经"回路轨道"返回主轨道，继续加工；确诊为病牛的从轨道上卸下，与头、蹄、内脏一起放入密闭的运送车内，运到无害化处理间，按照农医发 [2017] 25号《病死及病害动物无害化处理技术规范》的规定进行无害化处理（详见第五章）。

图3-1-8　疑病胴体检验轨道与疑病胴体间

五、牛宰后检验检疫统一编号

按照农医发〔2010〕27号《牛屠宰检疫规程》、GB 18393—2001《牛羊屠宰产品品质检验规程》、GB/T 51225—2017《牛羊屠宰与分割车间设计规范》等的规定，宰后检验检疫与屠宰操作相对应，对同一头牛的头、蹄、内脏、胴体和皮张等统一编号进行对照检验检疫，便于复验和查对及统一处理。

大型、中型屠宰车间，设置同步检验装置，胃肠和心肝肺摘除后可与胴体同步运行、同步检验，故胃肠、心肝肺可以不用编号。

小型屠宰车间，即无同步检验检疫轨道的企业，内脏摘除后，采用胴体和内脏统一编号方法对照检查或就地与胴体对照检查。

1. 头蹄编号　去头、蹄岗位，分别进行编号（图3-1-9、图3-1-10）；头部编号与耳标对应记录，其他内脏、胴体及蹄进行统一编号。

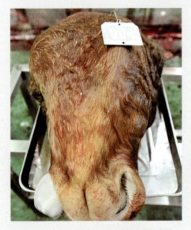 

图3-1-9　牛头编号　　　　　　　　图3-1-10　牛蹄编号
　　　　　　　　　　　　　　　　　每头牛的前蹄、后蹄放一个容器并编号

2. 胃肠、脾编号　取"白内脏"岗位，胃肠可同时编号或分开之后分别编号（图3-1-11至图3-1-13）。

3. 红内脏编号　取出"红内脏"及取出肾脏的岗位（图3-1-14至图3-1-17）。

4. 胴体编号　剥皮、去头蹄后剖腹前编号（图3-1-18）。

如果发现疫病，通过统一编号找到同一屠体的所有器官（头、蹄、内脏、胴体等），按照规定集中进行无害化处理。同时通过耳标溯源到疫病的发源地，按有关规定进行处理。

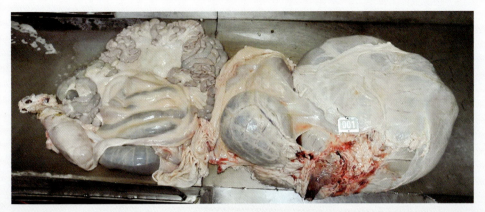

图3-1-11　白内脏编号

图3-1-12　胃编号

图3-1-13　肠编号

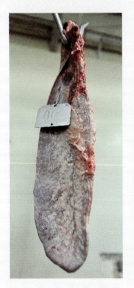

图3-1-14　脾脏编号

图3-1-15　肝脏编号

图3-1-16　心、肺编号

图3-1-17　肾脏编号

图3-1-18　胴体编号

第二节　宰后检验检疫岗位设置、流程及操作技术

　　牛宰后检验检疫主要检查《牛屠宰检疫规程》规定的8种疫病和《牛羊屠宰产品品质检验规程》规定的不合格肉品，以及有害腺体和病变组织、器官的摘除等，包括头蹄部检查、内脏检查、胴体检查、复检、实验室检验。同时还要注意规程规定以外的疫病，以及中毒性疾病、应激性疾病和非法添加物等的检验。

一、头蹄部检查

（一）头部检查

　　1.岗位设置　设在割牛头工序之后。目前，根据不同企业的屠宰流程设有2个割牛头位置，一是放血以后立即割牛头的去前蹄、去头的工序；另外一种设在机械扯皮之后开胸之前的割牛头工序；应在割牛头位置附近设置头部检查位置，并配置检验台（检查台）及清洗装置。

　　2.检查流程及内容　头部全面观察→淋巴结检查→摘除甲状腺→舌和咬肌检查。

检查鼻唇镜、齿龈、舌面有无水疱、溃疡、烂斑等，剖检一侧咽后内侧淋巴结和两侧下颌淋巴结；同时检查咽喉黏膜和扁桃体有无病变。

3. 头部全面观察　结构简介：牛口腔由唇、颊、硬腭、软腭、口腔底、舌和齿组成（图3-2-1、图3-2-2）。牛上唇厚短，其中部及两鼻孔间无毛而湿润，称为鼻唇镜。牛的下颌腺淡黄色，自寰椎窝向前延伸至下颌角内。咬肌位于下颌支的外面。

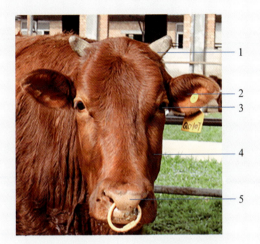

图3-2-1　牛头正面观

1. 牛角　2. 耳　3. 眼睛　4. 颊部　5. 鼻镜

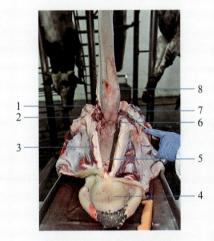

图3-2-2　牛头腹面结构

1. 下颌腺　2. 下颌淋巴结　3. 下颌骨　4. 下唇
5. 上颚　6. 喉头　7. 咬肌　8. 舌

（1）鼻唇镜、齿龈、口腔及舌面观察（图3-2-3至图3-2-5）。

（2）咽喉、舌根、扁桃体等观察　未剥头皮的，先从下颌间隙中间进刀将头皮剥开（图3-2-6），然后用检验刀将下颌骨间软组织与下颌骨分离（图3-2-7），在舌的两侧和软腭上各切一刀，从下颌间隙拉出舌尖，并沿下颌骨将舌根两侧切开，使舌根和咽喉全部露出受检（图3-2-8），观察口腔黏膜和扁桃体有无出血、溃疡和色泽变化（图3-2-9至图3-2-11）。

图3-2-3　鼻唇镜观察

（3）下颌骨观察　必要时，可观察上下颌骨的状态，检查有无开放性骨瘤且有脓性分泌物的或在舌体上生有类似肿块（图3-2-12、图3-2-13）等，如果见到下颌、眼眶有鸡蛋大的硬节，可初步诊断为放线菌。

图3-2-4　齿龈及黏膜观察

图3-2-5　口腔及舌面观察

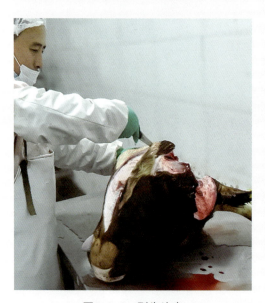

图3-2-6　剥牛头皮

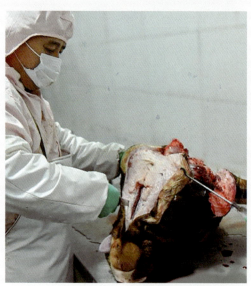

图3-2-7　下颌骨与软组织分离

图3-2-8　舌根和咽喉部观察

用检验钩钩住舌根拉紧，完全暴露咽喉部，仔细
观察有无异常

图3-2-9　口腔、上颚及下颌骨（必要时）观察

图3-2-10　喉头坏死

喉头和声门充血、肿胀、出现坏死性化脓灶，黏膜出血
（Roger W.Blowey, A.David Weaver, 2004.牛病彩色图谱，
齐长明译）

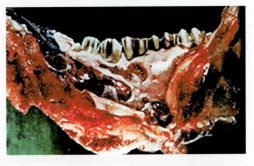

图3-2-11　溃疡性口炎

溃疡灶周围组织肿胀、硬化并形成伪膜，局部骨骼变形
（张旭静，2003．动物病理学检验彩色图谱）

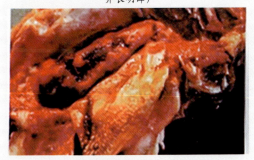

图3-2-12　下颌骨肿胀、出血，表面粗糙、多孔，
切割时流出少量黄色、沙粒状脓汁

（张旭静，2003．动物病理学检验彩色图谱）

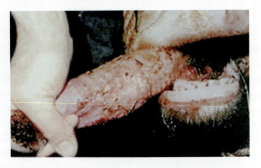

图3-2-13　舌面局灶性硬结性肿胀

（张旭静，2003．动物病理学检验彩色图谱）

4. **淋巴结检查**   牛屠宰检疫规程规定剖检一侧咽后内侧淋巴结和两侧下颌淋巴结。观察有无充血、水肿、出血、坏死、炎症、化脓等病变。

（1）岗位设置   放在头部全面观察之后进行。

（2）操作技术

①咽背（后）内侧淋巴结检查：检查时注意仅剖一侧咽背（后）内侧淋巴结。

位置简介：位于喉头后方，腮腺后缘深部，在两侧颞骨的前内侧（图3-2-14）。

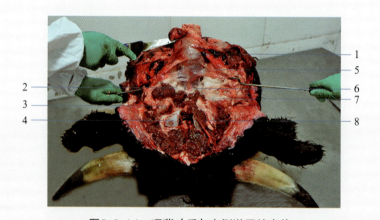

图3-2-14   咽背（后）内侧淋巴结定位

1.喉   2.左咽背（后）内侧淋巴结   3.颞骨   4.枕骨   5.腮腺
6.右咽背（后）内侧淋巴结   7.颞骨   8.枕骨

左侧咽背（后）内侧淋巴结检查：左手用检验钩牵引喉部，右手持刀顺舌骨支隆起部纵向从中部剖开咽背（后）内侧淋巴结，剖面充分暴露（图3-2-15至图3-2-17）。

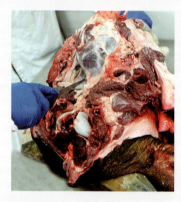

图3-2-15   左咽背（后）内侧
淋巴结检查（1）

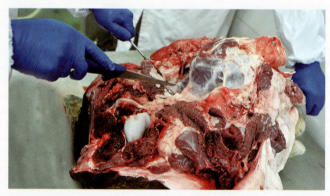

图3-2-16   左咽背（后）内侧淋巴结检查（2）

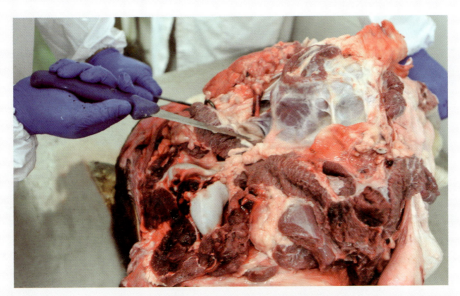

图3-2-17　左咽背（后）内侧淋巴结检查（3）

右侧咽背（后）内侧淋巴结检查：方法同前（图3-2-18至图3-2-21）。

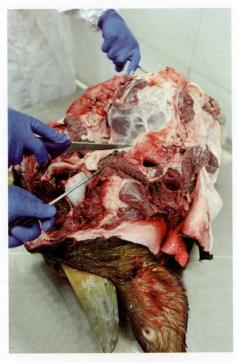

图3-2-18　右咽背（后）内侧
淋巴结检查（1）

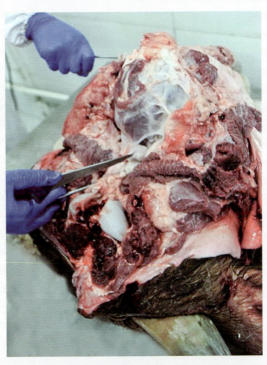

图3-2-19　右咽背（后）内侧淋
巴结检查（2）

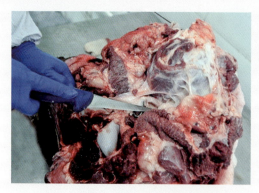

图3-2-20 右咽背（后）内侧淋巴结检查（3）

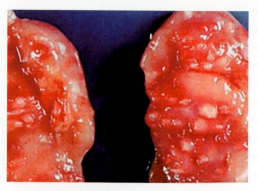

图3-2-21 病变：咽背淋巴结

病灶呈粟粒大硬实的球状结节，结节无干酪化和钙化，淋巴结本身并不肿大

（张旭静，2003. 动物病理学检验彩色图谱）

　　②下颌淋巴结检查：位置简介：下颌淋巴结位于下颌间隙，下颌血管切迹后方，颌下腺的外侧（图3-2-22）。由左右下颌角分别向后找到下颌腺后缘外侧，即可摸到被下颌腺覆盖的下颌淋巴结，从两侧下颌骨角内侧切开下颌淋巴结，进行观察（图3-2-23至图3-2-26）。

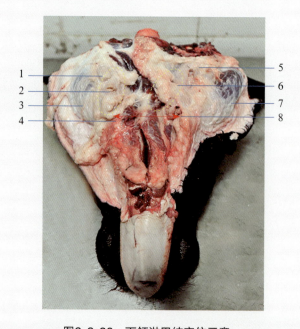

图3-2-22 下颌淋巴结定位示意

1.左下颌淋巴结 2.左下颌腺 3.左咬肌 4.左下颌角
5.右下颌淋巴结 6.右下颌腺 7.右咬肌 8.右下颌角

图3-2-23　左下颌淋巴结检查（1）

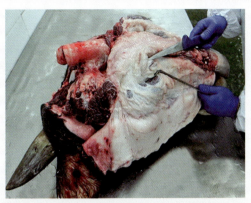

图3-2-24　左下颌淋巴结检查（2）

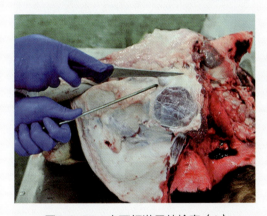

图3-2-25　右下颌淋巴结检查（1）

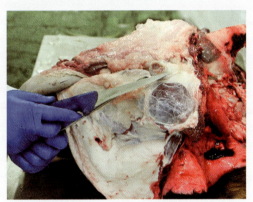

图3-2-26　右下颌淋巴结检查（2）

5.摘除甲状腺

（1）岗位设置　放在下颌淋巴结检查之后进行。

（2）操作技术　位置简介：甲状腺位于喉后方、前几个气管环的两侧和腹面（图3-2-27），分为左右两个侧叶和连接两个侧叶的腺峡，牛的甲状腺侧叶较发达，色较浅，呈不规则的三角形（图3-2-28），长6～7cm，宽5～6cm，厚约1.5cm，腺小叶明显，腺峡发达。

由于甲状腺外层有结缔

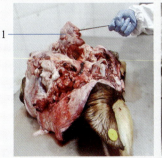
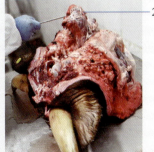

图3-2-27　甲状腺的位置

1.甲状腺左侧叶　2.甲状腺右侧叶

组织包裹，结构比较坚韧且附着在气管环上（图3-2-27），左手持钩钩住气管环，右手持刀切开与气管附着连接处的结缔组织（图3-2-29），然后左手抓住已剥离开的甲状腺，用检验刀小心剥离左右两侧的甲状腺（图3-2-30、图3-2-31），然后再剥离连接二者之间的腺峡，完整剥离甲状腺。

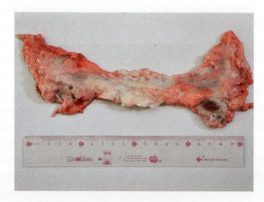

图3-2-28　甲状腺

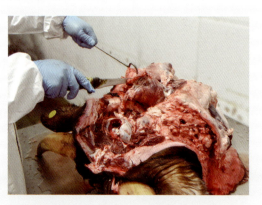

图3-2-29　甲状腺摘除技术（1）

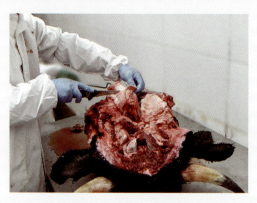

图3-2-30　甲状腺摘除技术（2）

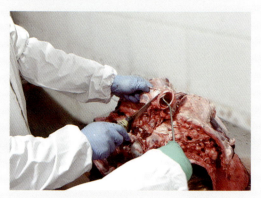

图3-2-31　甲状腺摘除技术（3）

　　注意：甲状腺属于不可食用的有害腺体，因此必须在头部检查结束后摘除；此外，如屠宰割牛头环节割头位置过浅，可能造成部分腺体留在胴体的气管上，头部检查摘除甲状腺时应注意观察甲状腺完整与否，如不完整，应在肺脏检查时将相应胴体的气管环上的甲状腺找到并摘除。

　　必须将甲状腺割除干净，不得有遗漏，摘除后不能随意丢弃，用存放在不透水的专用容器中。

　　6. 舌肌和咬肌检查

　　（1）岗位设置　可放在淋巴结检查之后进行。

（2）操作技术　一般在检验台上进行。先检查位于检验检疫员左侧的咬肌，再检查位于检验检疫员右侧的咬肌；然后再检查舌肌。

①左侧咬肌检查：检验检疫员左手持钩，钩住位于检验员左侧咬肌的外缘（图3-2-32）；右手握刀紧贴下颌骨外侧，先向前运刀数厘米，割开坚韧的筋膜（图3-2-33），再向后下方平行切开内外咬肌（图3-2-34），剖面充分暴露（图3-2-35），检查有无虫体大小如黄豆呈椭圆形的囊尾蚴。水牛还要观察有无肉孢子虫寄生。

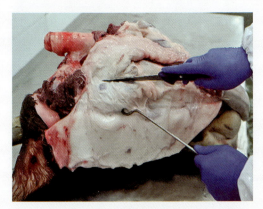

图3-2-32　左侧咬肌检查（1）

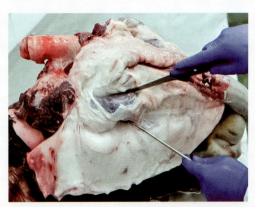

图3-2-33　左侧咬肌检查（2）

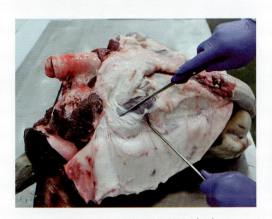

图3-2-34　左侧咬肌检查（3）

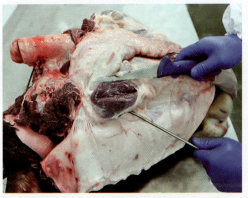

图3-2-35　左侧咬肌检查（4）

②右侧咬肌检查：方法同左侧咬肌检查，检验检疫员左手持钩，钩住位于检验检疫员左侧咬肌的外缘（图3-2-36）；右手握刀紧贴下颌骨外侧，先向前运刀数厘米割开筋膜，再向后下方平行切开内外咬肌，剖面充分暴露（图3-2-37）。

③舌肌：沿舌系带面纵向切开舌肌（图3-2-38），剖面充分暴露（图3-2-39），检查有无囊尾蚴。

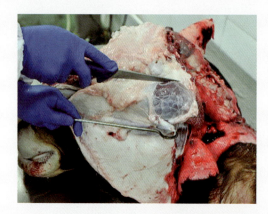

图3-2-36　右侧咬肌检查（1）

图3-2-37　右侧咬肌检查（2）

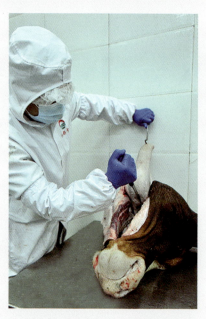

图3-2-38　舌肌检查（1）

左手持钩钩住舌尖拉紧，右手持刀沿舌系带面纵向由后向前运刀，切开舌肌

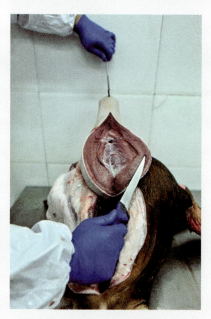

图3-2-39　舌肌检查（2）

充分暴露剖面，仔细观察有无异常

（二）蹄部检查

牛是偶蹄动物，每指（趾）端有4个蹄，直接与地面接触的两个称为主蹄，不与地面接触的两个为悬蹄。

1. 岗位设置　去前蹄、后蹄之后进行。

2. 检查内容与操作技术　检查蹄冠、蹄叉部的皮肤有无水疱、溃疡、烂斑、结痂等（图3-2-40、图3-2-41），重点排查牛口蹄疫病。

图3-2-40　牛蹄冠部观察

图3-2-41　牛蹄叉部观察

二、内脏检查

屠体剖腹前后应观察被摘除的乳房、生殖器官和膀胱有无异常，随后对相继摘出的胃肠和心肝肺进行全面对照检查。

根据牛屠宰检疫规程规定的程序，按照内脏摘出的顺序及各屠宰厂（场）的工艺流程设置进行，分为两个检查点，"白内脏"检查点（检查胃、肠、脾）和"红内脏"检查点（检查肺、心、肝）。由于牛的内脏体积很大，一般单个摘出检查。检查流程按照内脏摘出顺序进行，依次为：①腹腔视检；②取出肠、胃、脾；③脾脏检查；④肠系膜淋巴结（空肠淋巴结）检查；⑤胃肠检查；⑥膀胱检查；⑦取出肺、心、肝脏；⑧肺、心、肝脏检查；⑨摘除卵巢和子宫；⑩摘除肾上腺；⑪肾脏检查；⑫生殖器官检查。

（一）腹腔视检

1. 岗位设置　设置于剖腹后及摘取白内脏之前。

2. 检查内容及操作技术　位置简介：牛腹腔器官主要包括胃、肠、肝脏、脾脏等。牛胃分瘤胃、网胃、瓣胃和皱胃（图3-2-42）。前端以贲门接食管，后端以幽门与十二指肠相通。肠起自幽门，止于肛门，分小肠和大肠。小肠前段起于幽门，后端止于盲肠，

图3-2-42　牛腹腔器官

1. 瘤胃　2. 脾脏　3. 肝脏　4. 胆囊　5. 瓣胃　6. 网胃　7. 皱胃　8. 直肠　9. 空肠　10. 肠系膜淋巴结　11. 结肠　12. 盲肠　13. 回肠

分为十二指肠、空肠、回肠。大肠又分盲肠、结肠和直肠。

打开腹腔后先进行全面观察，通过腹腔切口观察腹腔有无积液、粘连、纤维素性渗出物。视检胃肠的外形、肠系膜浆膜有无异常（图3-2-43、图3-2-44），有无创伤性胃炎。

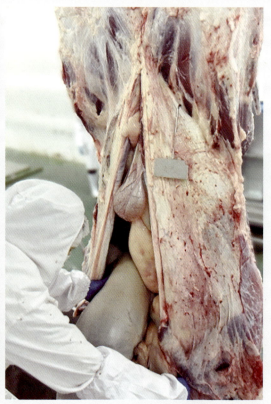

图3-2-43   胃肠及腹腔浆膜视检
通过腹腔切口观察腹腔有无异常，视检胃肠
的外形、检查浆膜和肠系膜浆膜

图3-2-44   触检胃肠及腹腔浆膜
左手经剖腹开口伸入左侧腹腔，用手背触检腹腔浆膜，
用手心触检胃肠浆膜有无异常

（二）脾脏检查

1. 岗位设置   剖腹后取出牛脾脏挂同步检验检疫轨道或放入检验检疫盘中进行检查。

2. 检查内容   检查脾脏的弹性、颜色、大小等。必要时剖检脾实质。

位置简介：牛脾脏呈长而扁的椭圆形、蓝紫色、质硬（图3-2-45），位于瘤胃背囊左前方。脾的实质为脾髓，分为白髓和红髓（图3-2-46）。

图3-2-45 牛脾脏

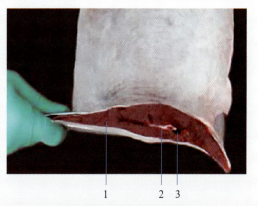

图3-2-46 牛脾脏横切面
1.红髓 2.小梁结缔组织 3.小梁血管

3. 操作技术　脾脏检查可以在同步轨道或检查台上进行。

（1）吊挂检查　如发现异常，从同步轨道挂钩取下，放置检验台进行检查（图3-2-47、图3-2-48）。

图3-2-47　吊挂：牛脾脏壁面检查
检验钩钩住脾尾，用刀背刮脾脏壁面，观察有无异常

图3-2-48　吊挂：牛脾脏脏面检查
检验钩钩住脾尾，用刀背刮脾脏脏面，观察有无异常

（2）检验台检查（图3-2-49至图3-2-51）。

图3-2-49　检验台：牛脾脏壁面检查

图3-2-50　检验台：牛脾脏脏面检查

（3）脾实质剖检　必要时，剖检脾实质。剖面充分暴露，观察脾髓（图3-2-52）。

图3-2-51　牛脾脏边缘出血

图3-2-52　剖检脾实质，观察脾髓

（三）肠系膜淋巴结检查

1. 岗位设置　剖腹后和腹腔及胃肠浆膜观察之后进行。

2. 检查内容　剖检肠系膜淋巴结，检查其形状、色泽，有无肿胀、出血、异常增生和干酪变性、虫卵沉积等变化。

3. 操作技术　左手抓住空肠系膜末端，将小肠全部展开，检查全部肠系膜淋巴结有无异常。右手持刀纵剖肠系膜淋巴结20cm以上（沿肠系膜淋巴结链条方向剖开，剖检两刀，每刀刀迹长10cm）（图3-2-53至图3-2-56）。

注意：由于牛肠系膜比较厚而且坚韧，注意运刀时不能割破肠系膜，否则会引起出血，也不能触及肠壁，如割破肠壁也要马上消毒清洗。

图3-2-53　检验台：肠系膜淋巴结检查（1）

图3-2-54　检验台：肠系膜淋巴结检查（2）

图3-2-55　检验台：肠系膜淋巴结检查（3）

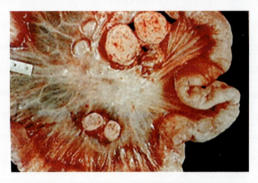
图3-2-56　肉芽肿性肠炎
肠系膜淋巴结肿大，切面见干酪样坏死
（张旭静，2003．动物病理学检验彩色图谱）

（四）胃肠检查

1．岗位设置　检查工序放在胃肠摘除之后进行。放在同步轨道的检验检疫盘里进行检查，如无同步轨道，编号后放到检验台上进行检查。牛的胃肠较为庞大，胃、肠应分别放置于检验台上进行检查。

2．检查内容　先进行全面观察，检查肠袢、肠浆膜，剖开肠系膜淋巴结，检查形状、色泽，有无肿胀、出血、异常增生和干酪变性、虫卵沉积等变化。必要时剖开胃肠，检查内容物、黏膜及有无出血、结节、寄生虫等。注意有无创伤性胃炎病变、肠系膜血管有无日本血吸虫寄生。

3．操作技术

（1）全面观察　翻动胃、肠，仔细观察胃、肠及肠系膜浆膜和肠系膜血管有无异常（图3-2-57至图3-2-60）。

图3-2-57　视检牛胃壁面

图3-2-58　视检牛胃脏面及表面血管

图3-2-59　检查肠祥、肠浆膜（正面）

图3-2-60　检查肠祥、肠浆膜（反面）

（2）肠系膜淋巴结剖检　方法同前。

（3）胃肠病理剖检（必要时）

①剖检肠系膜淋巴结，方法同前。

②观察胃肠浆膜，方法同前。

③清除胃肠内容物，并注意检查内容物状态等。

④检查胃肠黏膜。打开胃壁和肠壁观察胃肠黏膜（图3-2-61至图3-2-68），注意有无出血、脓肿、溃疡、结节、寄生虫等。如果检查头部时发现口蹄疫病变或可疑时，此时应注意检查胃肠有无出血性炎症，瘤胃黏膜尤其注意肉柱部分有无浅平褐色糜烂。

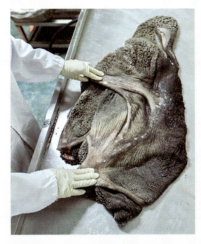

图3-2-61　瘤胃黏膜及肉柱检查

图3-2-62　网胃黏膜检查

图3-2-63　瓣胃黏膜检查

图3-2-64　皱胃黏膜检查

图3-2-65　小肠黏膜检查

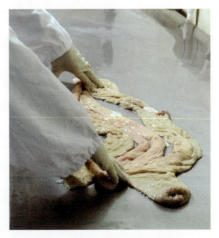

图3-2-66　大肠黏膜检查

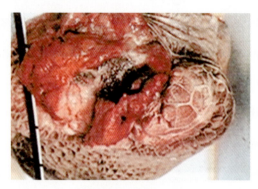

图3-2-67　网胃黏膜肉芽肿，伴有坏死的灰白
色肉芽组织中散在黄色的小化脓灶

（张旭静，2003. 动物病理学检验彩色图谱）

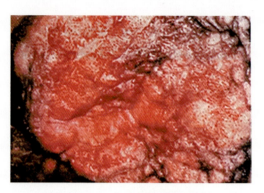

图3-2-68　牛白血病（皮肤型）

瘤胃黏膜上形成掌大隆起性结节性病变

（张旭静，2003. 动物病理学检验彩色图谱）

（五）膀胱检查及摘除

1. 岗位设置　胃肠摘除之前或胃肠摘除之后摘除膀胱，膀胱检验可在膀胱摘除之前（建议在摘除之前进行视检）或之后进行。

2. 检查内容　视检膀胱有无异常，必要时检查膀胱黏膜。

3. 操作技术

（1）膀胱检查　膀胱空虚时呈梨状，约拳头大，位于骨盆腔，分为膀胱顶、膀胱体和膀胱颈。视检胴体上的膀胱（图3-2-69）或被摘除的膀胱（图3-2-70），如有异常，摘除后进行剖检。左手持钩，钩住膀胱表面以固定膀胱，右手持刀纵向切开膀胱（图3-2-71），暴露膀胱黏膜（图3-2-72）。观察有无异常（图3-2-73、图3-2-74）。

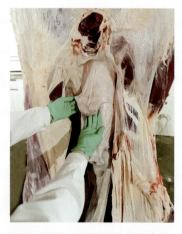

图3-2-69　视检胴体上的膀胱

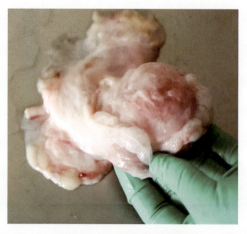

图3-2-70　视检离体膀胱

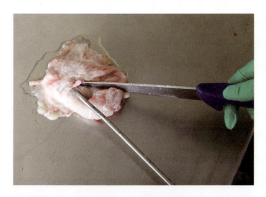

图3-2-71　膀胱剖检

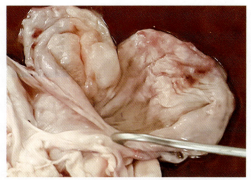

图3-2-72　膀胱壁增厚，黏膜表面粗糙、出血、充血、溃疡斑和气肿

图3-2-73　膀胱血管瘤

膀胱黏膜面形成多数隆起的大小不等的红色肿瘤结节。三角黏膜见点状出血

（张旭静，2003．动物病理学检验彩色图谱）

图3-2-74　伴有气肿的急性膀胱炎

膀胱黏膜表面见微细气泡和出血

（张旭静，2003．动物病理学检验彩色图谱）

（2）膀胱摘除　左手握住膀胱颈，右手持刀，将膀胱颈割断（图3-2-75），取下膀胱后，用拇指和食指将膀胱颈捏住，避免尿液涌出污染腹腔脏器及胴体，去掉尿液后膀胱放进固定的容器统一收集。

（六）肺脏检查

1．岗位设置　可在摘除"红内脏"之后挂在同步轨道挂钩上或放到检验台上进行。

2．检查内容　检查两侧肺脏实质、

图3-2-75　摘除膀胱

色泽、形状、大小及有无淤血、出血、气肿、水肿、化脓、实变、结节、粘连、寄生虫等；剖检一侧支气管淋巴结和纵膈后淋巴结，检查切面有无淤血、出血、水肿、干酪变性和钙化结节病灶等。必要时剖开肺实质、气管、结节部位。气管上附有甲状腺的，应摘除。

3. 操作技术　位置简介：肺位于胸腔内纵膈的两侧，健康的肺为粉红色，呈海绵状，质软而轻，富有弹性（图3-2-76、图3-2-77）。

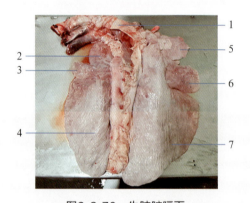

图3-2-76　牛肺脏膈面

1. 气管　2. 左尖叶　3. 左心叶　4. 左膈叶
5. 右尖叶　6. 右心叶　7. 右膈叶

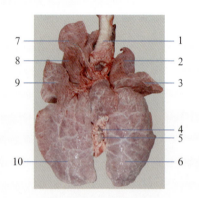

图3-2-77　牛肺脏脏面

1. 气管　2. 左尖叶　3. 左心叶　4. 纵膈淋巴结（中）
5. 纵膈淋巴结（后）　6. 左膈叶　7. 右尖叶　8. 副叶
9. 右心叶　10. 右膈叶

 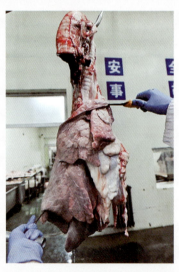

图3-2-78　吊挂：肺脏　图3-2-79　吊挂：肺脏脏面检查
　　　　壁面检查

（1）视、触检肺脏

①吊挂检查：检验检疫员左手持钩，钩住肺脏膈叶下缘固定肺脏，右手持刀用刀背向上顶住尖叶，仔细观察两侧肺脏色泽、形状、大小及有无异常（图3-2-78、图3-2-79）。

②检验台检查（图3-2-80、图3-2-81）。

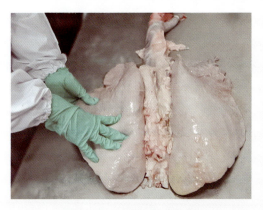
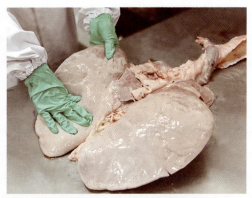

图3-2-80　肺脏壁面检查　　　　　　　图3-2-81　肺脏脏面检查

（2）淋巴结检查

支气管淋巴结检查：

①吊挂检查：检验检疫员左手持钩，钩住左肺尖叶与支气管之间的结缔组织向下拉开，暴露支气管，右手持刀，紧贴气管向下运动（图3-2-82），纵剖位于肺支气管分叉背面的左侧支气管淋巴结（图3-2-83），剖面充分暴露进行观察（图3-2-84）。也可剖检右侧支气管淋巴结（图3-2-85、图3-2-86），农医发［2010］27号《牛屠宰检疫规程》规定剖检一侧支气管淋巴结，GB 18393—2001《牛羊屠宰产品品质检验规程》规定检验支气管淋巴结。

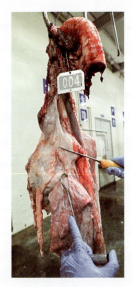
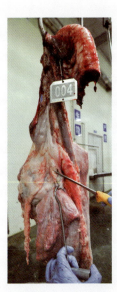

图3-2-82　吊挂：左支气管淋　　　图3-2-83　吊挂：左支气管　　　图3-2-84　吊挂：左支气管
巴结检查（1）　　　　　　　　　　淋巴结检查（2）　　　　　　　淋巴结检查（3）

 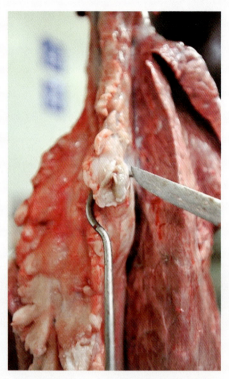

图3-2-85　吊挂：右支气管　　图3-2-86　吊挂：右支气管淋巴结检查（2）
　　　　　淋巴结检查（1）

　　②检验台检查：检验检疫员左手持钩，钩住左肺支气管淋巴结附近的结缔组织，右手持刀，纵剖位于肺支气管分叉背面的左侧支气管淋巴结（图3-2-87），剖面充分暴露进行观察（图3-2-88）。右侧支气管淋巴结检查方法相同（图3-2-89、图3-2-90）。

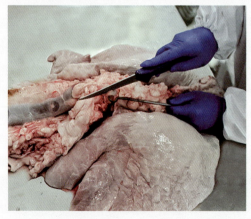 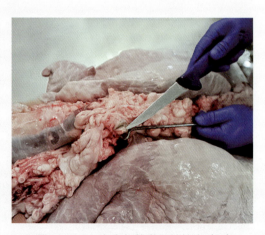

图3-2-87　左支气管淋巴结检查（1）　　图3-2-88　左支气管淋巴结检查（2）

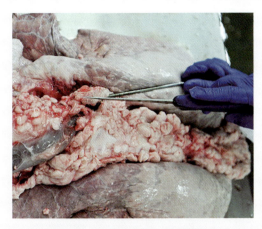
图3-2-89　右支气管淋巴结检查（1）

图3-2-90　右支气管淋巴结检查（2）

纵膈淋巴结检查：检验检疫员左手持钩，右手持刀，沿纵膈方向切检中、后两组淋巴结，剖面充分暴露进行检查。

①吊挂检查（图3-2-91至图3-2-94）。

图3-2-91　吊挂：纵膈后淋巴结检查（1）

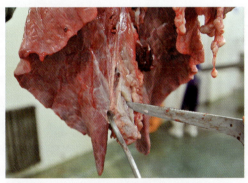
图3-2-92　吊挂：纵膈后淋巴结检查（2）

图3-2-93　吊挂：纵膈中淋巴结检查（1）

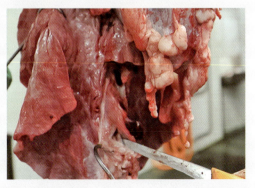
图3-2-94　吊挂：纵膈中淋巴结检查（2）

②检验台检查（图3-2-95至图3-2-98）。

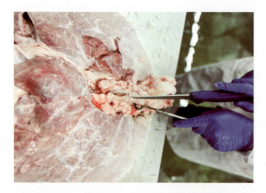

图3-2-95　检验台：纵膈后淋巴结检查（1）

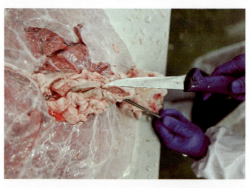

图3-2-96　检验台：纵膈后淋巴结检查（2）

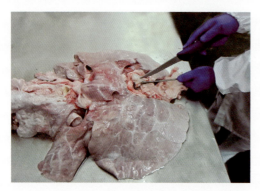

图3-2-97　检验台：纵膈中淋巴结检查（1）

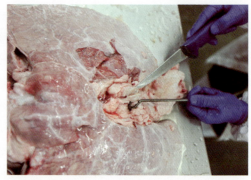

图3-2-98　检验台：纵膈中淋巴结检查（2）

（3）肺实质、气管、结节检查（必要时）

①肺实质剖检：沿肺脏中部切开，剖面充分暴露（图3-2-99）。

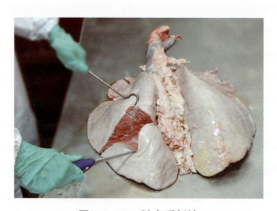

图3-2-99　肺实质剖检

②气管剖检：左手持钩，钩住气管环，右手运刀纵剖切开气管（图3-2-100），然后用钩和刀向左右打开切口（图3-2-101），观察其黏膜有无异常。

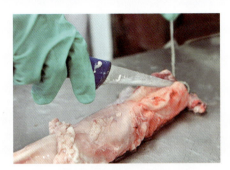

图3-2-100 气管剖检（1）

图3-2-101 气管剖检（2）

肺脏的病变为炎症、坏疽、气肿（图3-2-102）、脓肿（图3-2-103）、严重淤血（图1-1-14）、水肿以及呛血、呛食（图3-2-104）等。当发现肺有肿瘤（图3-2-105）或纵膈淋巴结等异常肿大时，应将该胴体推入病肉岔道进行处理。

图3-2-102 间质性肺气肿

空气进入间质形成气泡，使小叶间质显著增宽

（张旭静，2003．动物病理学检验彩色图谱）

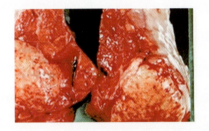

图3-2-103 肺脓肿

肺脏内有一膨隆的灰黄色肉芽样病变，其内密发针头大脓肿，有的发生融合

（张旭静，2003．动物病理学检验彩色图谱）

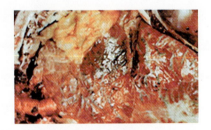

图3-2-104 异物性肺炎

肺组织充血、出血、水肿、化脓或形成脓肿。切开气管，可见被吸入的异物

（张旭静，2003．动物病理学检验彩色图谱）

图3-2-105 肺 癌

肺脏切面结节性病灶界限清晰，大小不同，切面隆起，类圆形、充实性，伴有出血

（张旭静，2003．动物病理学检验彩色图谱）

（七）心脏检查

1. 岗位设置　放在肺脏检查之后进行。

2. 检查内容　检查心脏的形状、大小、色泽及有无淤血、出血等；必要时剖开心包，检查心包膜、心包液和心肌有无异常。

3. 操作技术　位置简介：牛的心脏位于胸腔纵膈内，心脏外面包有由浆膜和纤维膜组成的心包，心脏呈左右稍扁的倒立圆锥形，前缘凸，后缘短而直，分左心房、左心室和右心房、右心室。心壁由心外膜、心肌和心内膜组成（图3-2-106、图3-2-107）。

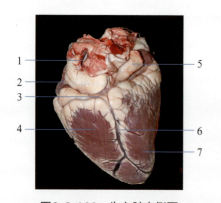

图3-2-106　牛心脏右侧面

1. 肺静脉　2. 左心耳　3. 冠状沟　4. 左心室
5. 后腔静脉　6. 窦下室间沟　7. 右心室

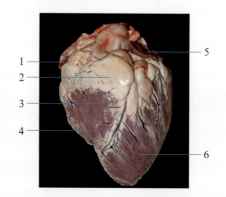

图3-2-107　牛心脏左侧面

1. 右心耳　2. 冠状沟（被脂肪覆盖）　3. 右心室
4. 锥旁室间沟　5. 左心耳　6. 左心室

（1）观察心包及剖开心包　检查心包膜、心包液有无异常，注意有无创伤性心包炎、心外膜出血。

①吊挂检查（图3-2-108至图3-2-111）。

图3-2-108　吊挂：心脏心包视检（1）

图3-2-109　吊挂：心脏心包视检（2）
心尖部有明显的心包积液

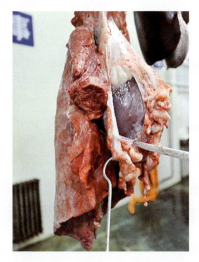 

图3-2-110　吊挂：心脏心包剖开　　　　　图3-2-111　心脏视检

②检验台检查（图3-2-112至图3-2-115）。

 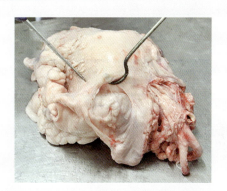

图3-2-112　检验台：心包视检　　　　图3-2-113　检验台：心包剖开检查（1）

用检验钩钩住心包表面脂肪组织，右手持刀打开心包

 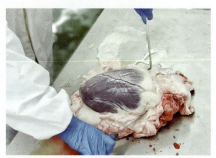

图3-2-114　检验台：心包剖开检查（2）　　　图3-2-115　检验台：心脏视检

有明显的淡黄色透明心包积液　　　　　　完全打开心包，观察心脏有无异常

（2）检查心脏　观察心脏的形状、大小、色泽及有无淤血、出血等（图3-2-111、图3-2-115），注意有无虎斑心、心外膜出血等。

（3）切检左心室（必要时）　左手持钩，钩住心脏的左纵沟上方的脂肪组织以固定心脏，右手持刀纵向剖开与左纵沟平行的心脏后缘房室分界处（图3-2-116、图3-2-117），观察心室肌（图3-2-118、图3-2-119）。

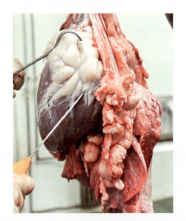

图3-2-116　吊挂：心脏检查（1）

左手持钩固定心脏，于左纵沟平行的心脏后缘房室分界处右侧进刀剖开

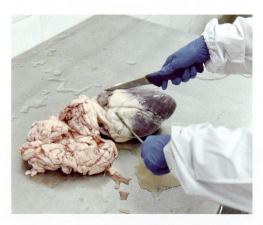

图3-2-117　检验台：心脏剖开检查（1）

左手持钩固定心脏，于左纵沟平行的心脏后缘房室分界处右侧进刀剖开

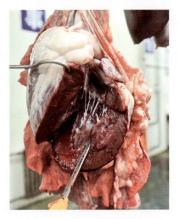

图3-2-118　吊挂：心脏检查（2）

纵剖后，左右手向两侧外展，打开心腔观察心室肌

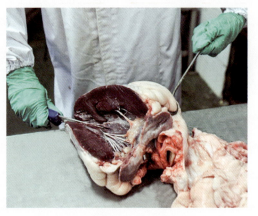

图3-2-119　检验台：心脏剖开检查（2）

充分暴露剖面进行观察

观察有无心内膜炎（图3-2-120、图3-2-121）、心内膜出血（图1-1-15）、心肌炎（图3-2-122）、心肌脓疡（图3-2-123）、心肌囊尾蚴（图3-2-124）、肉孢子虫（图3-2-125）寄生，有无肿瘤（图3-2-126）等。

图3-2-120　化脓性心内膜炎

心内膜呈灰白色，乳头肌形成脓肿。心瓣膜充血、出血、水肿、溃疡穿孔

（Roger W.Blowey，A.David Weaver，2004.牛病彩色图谱，齐长明译）

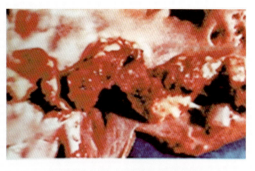

图3-2-121　溃疡性心内膜炎

心瓣膜发生糜烂、溃疡、出血及腱索断裂，病变部呈红色。伴有心肌变性。机化后形成明显的结节性疣性心内膜炎

（张旭静，2003.动物病理学检验彩色图谱）

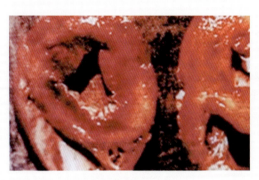

图3-2-122　心肌炎

心肌色淡，柔软，切面见黄褐色斑，固有结构模糊，右心极度扩张、心肌颜色苍白

（Roger W.Blowey，A.David Weaver，2004.牛病彩色图谱，齐长明译）

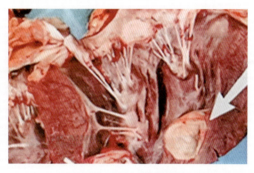

图3-2-123　心肌脓肿

近心尖部形成直径4.5cm有包膜的脓肿，向心腔内突出，表面形成血栓

（张旭静，2003.动物病理学检验彩色图谱）

图3-2-124　牛囊尾蚴病

心肌内寄生多数牛囊尾蚴，虫体包有较厚的被膜，有的因变性、坏死而略带绿色

（张旭静，2003.动物病理学检验彩色图谱）

图3-2-125　住肉孢子虫

左心室及室中隔见球状或纺锤状结节，其长轴与心肌纤维的走向一致。内容绿黄色、黏稠脓样物

（张旭静，2003.动物病理学检验彩色图谱）

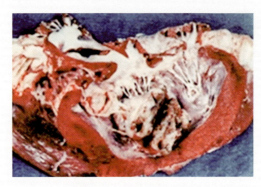

图3-2-126　神经鞘瘤

左心室乳头肌部有一巨大肿瘤，二尖瓣也发生肿瘤化。肿瘤表面平滑、呈白色，切面带黄白色，质硬，有明显出血和坏死

（张旭静，2003. 动物病理学检验彩色图谱）

（八）肝脏检查

1. 岗位设置　放在心脏检查之后进行。

2. 检查内容　检查肝脏的大小、色泽，触检其弹性和硬度；剖开肝门淋巴结，检查有无出血、淤血、肿大、坏死等。必要时剖开肝实质、胆囊和胆管，检查有无硬化、萎缩、日本血吸虫等。

3. 操作技术　位置简介：牛的肝脏略呈长方形，胆囊呈梨状，有储存和浓缩胆汁的作用。肝门淋巴结位于肝门内，由脂肪和胰腺所覆盖（图3-2-127、图3-2-128）。

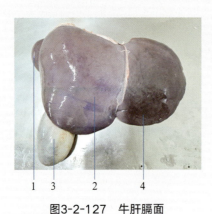

图3-2-127　牛肝膈面

1. 肝尾状凸　2. 肝右叶　3. 胆囊
4. 肝左叶

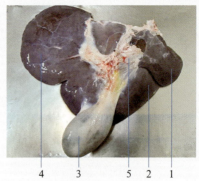

图3-2-128　牛肝脏面

1. 肝尾状凸　2. 肝右叶　3. 胆囊
4. 肝左叶　5. 肝门淋巴结

（1）视检和触检　左手持钩，钩住肝门的结缔组织，观察肝脏壁面和脏面有无病变。

①吊挂检查（图3-2-129、图3-2-130）。

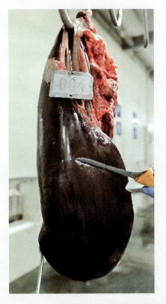 

图3-2-129　吊挂：牛肝脏壁面检查　　图3-2-130　吊挂：牛肝脏脏面检查

　　　　　　　　　　　　　　　　　　用检验刀顶住肝脏右叶，暴露肝门进行观察

②检验台检查（图3-2-131、图3-2-132）。

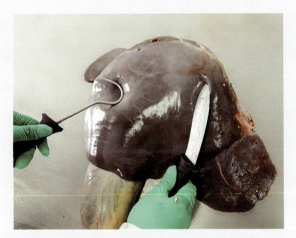 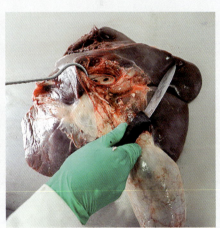

图3-2-131　检验台：肝脏的壁面检查　　图3-2-132　检验台：肝脏的脏面检查

（2）肝门淋巴结检查

①吊挂检查（图3-2-133、图3-2-134）。

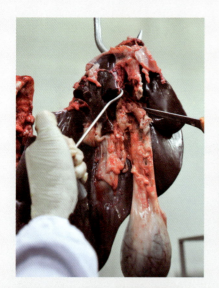

图3-2-133　吊挂：肝门淋巴结检查（1）
左手持钩钩住肝门结缔组织，右手持刀从
淋巴结中部剖开

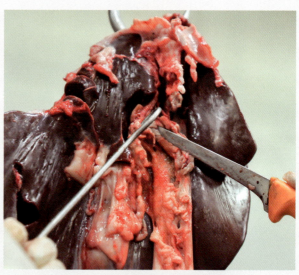

图3-2-134　吊挂：肝门淋巴结检查（2）
充分暴露剖面，观察有无异常

②检验台检查（图3-2-135、图3-2-136）。

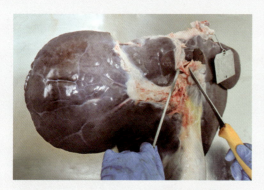

图3-2-135　检验台：肝门淋巴结检查（1）
左手持钩钩住肝门结缔组织，右手持刀从淋巴结中部
剖开

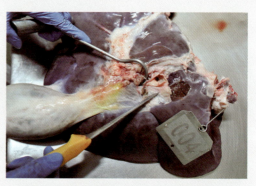

图3-2-136　检验台：肝门淋巴结检查（2）
充分暴露剖面，观察有无异常

（3）胆管和胆囊检查　观察胆囊、胆管，发现异常如见胆管粗大凸起等，应将肝脏移到检验台进行检查，以免污染生产线。

①胆管剖检：左手持钩钩住肝门的结缔组织，在肝门下方以浅刀斜切并横断胆管，然后用刀背向切口方向挤压胆管，检查有无肝片吸虫（图3-2-137、图3-2-138）。胆管未见异常的可以不剖检。

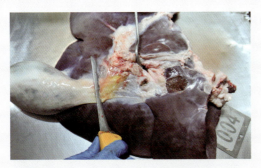

图3-2-137　检验台：胆囊胆管检查（1）
左手持钩钩住肝门结缔组织，以"横、浅、斜刀"横断胆管

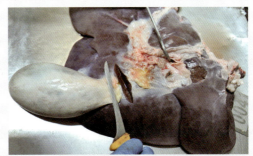

图3-2-138　检验台：胆囊胆管检查（2）
用刀背向切口方向挤压胆管，检查有无肝片吸虫等逸出

②胆囊剖检（必要时）：沿胆囊长轴切开，检查有无出血、淤血、结石、肿瘤、寄生虫损害（图3-2-139、图3-2-140）。

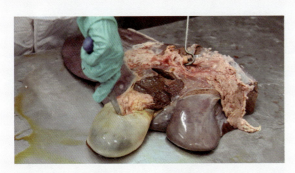

图3-2-139　胆囊剖检
左手持钩钩住肝门结缔组织，沿胆囊长轴切开，检查有无异常

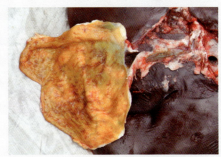

图3-2-140　胆囊黏膜出血

③肝脏实质剖检（必要时）：右手持刀横切肝脏实质，沿肝脏中部切开，剖面充分暴露，检查有无异常（图3-2-141、图3-2-142）。

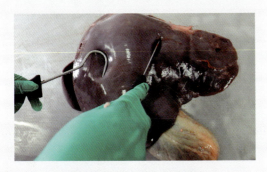

图3-2-141　肝脏实质切检

图3-2-142　观察肝脏实质切面有无异常

肝脏的主要病变有肝淤血、脂肪变性（图3-2-143）、肝硬变（图3-2-144、图3-2-145）、肝脓肿（图3-2-146）、肝坏死（图3-2-145、图3-2-147）、寄生虫性病变（图3-2-144、图3-2-148）、富脉斑（图3-2-149）、锯屑肝、槟榔肝（图3-2-147）等。当发现可疑肝癌、胆管癌（图3-2-150）和其他肿瘤时，应将该胴体推入病肉岔道进行处理。

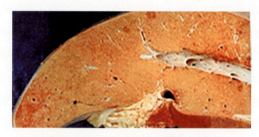

图3-2-143　肝脏脂肪变性并发黄疸

肝脏显著肿大，边缘钝圆，呈现特征性的金黄色

（张旭静，2003．动物病理学检验彩色图谱）

图3-2-144　肝片吸虫性肝硬变

胆管内寄生，引起胆管壁增生，肝表面呈索状突出，肝质地变硬

（陈怀涛，2008．兽医病理学原色图谱）

图3-2-145　坏死后肝硬变

左：肝呈灰白色，被膜增厚，表面密发隆起的粗大结节，结节之间可见大量的纤维组织，肝脏变形、硬度显著增加；右：切面可见显著增生的结缔组织把肝实质分割成大小不等的区域

（张旭静，2003．动物病理学检验彩色图谱）

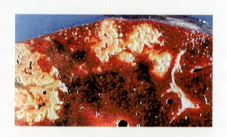

图3-2-146　嗜酸性粒细胞性肝脓肿

肝脏被膜下见极不规则的黄白色块状病变

（张旭静，2003．动物病理学检验彩色图谱）

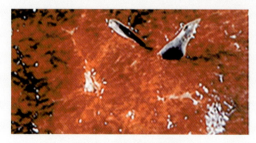

图3-2-147　牛槟榔肝

肝细胞变性、肿胀、坏死，中央静脉及周围窦状隙扩张、充血或出血，形成红黄相间的花纹状

（张旭静，2003．动物病理学检验彩色图谱）

图3-2-148　肝片吸虫

肝门部切面：肝脏纤维性肿大、总胆管和胆囊管极度扩张、纤维性肥厚，胆汁瘀滞，内寄生大量肝片吸虫成虫

(Roger W.Blowey，A.David Weaver，2004.牛病彩色图谱，齐长明译)

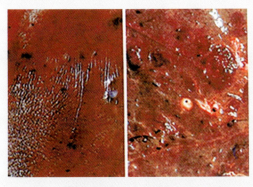 

图3-2-149 牛富脉肝

左：肝实质内有大小形状不一、表面凹陷的暗红色斑；
右：病灶切面凹陷、富有血液，境界不清，冲去血液
可见灰白色、呈网状的血管

（张旭静，2003.动物病理学检验彩色图谱）

图3-2-150 胆管癌

胆管癌的肿瘤灶融合为大的肿瘤结节，瘤组织向胆管
内呈乳头状增殖，向外呈菜花样增殖，肿瘤组织有坏
死和出血

（张旭静，2003.动物病理学检验彩色图谱）

（九）摘除肾上腺

1．岗位设置　肾上腺摘除放在胃肠和心肝肺摘取之后，肾脏及包裹油脂摘出之前进行。

2．操作技术　位置简介：肾上腺（图3-2-151）是成对红褐色器官，右肾上腺在右肾前端内侧，左肾上腺位于左肾前方（图3-2-152），外被包膜，实质分为皮质部和髓质部（图3-2-153）。

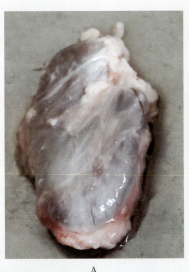 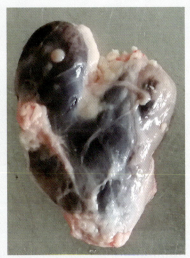

A　　　　　　　　　　B

图3-2-151 肾上腺

A.左肾上腺呈肾形　B.右肾上腺呈心形

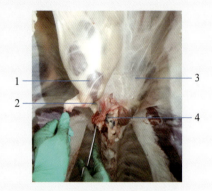

图3-2-152　肾上腺及肾脏在倒挂牛胴体
　　　　　　的位置

1.左肾　2.左肾上腺　3.右肾　4.右肾上腺

图3-2-153　肾上腺切面

1.髓质　2.皮质

　　检验员左手持检验钩，钩住左右肾上腺之间上部的结缔组织，右手持检验刀，首先将右肾上腺上方及右侧的结缔组织（图3-2-154），连同右肾上腺及连接的浆膜割下（图3-2-155），然后再将左肾上腺及左侧的结缔组织，连同左肾上腺及连接的浆膜割下（图3-2-156、图3-2-157）。摘除后不得随意丢弃，要存放在不透水的有明显的标识专用容器中集中处理。全部焚毁处理或作为生化制剂的原料。

　　注意：摘取胃肠及膀胱时将肾上腺完整保留在胴体内，不得损伤。肾上腺应在摘取肾脏及胴体劈半之前摘除，否则肾上腺将破损。如果没有摘除，需要在摘出的带有肾脂囊的肾脏上摘除肾上腺（图3-2-158、图3-2-159）。

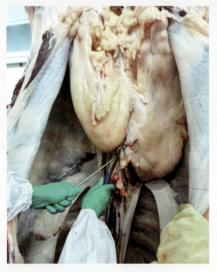

图3-2-154　吊挂：牛右肾上腺摘除（1）

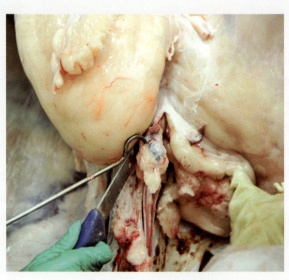

图3-2-155　吊挂：牛右肾上腺摘除（2）

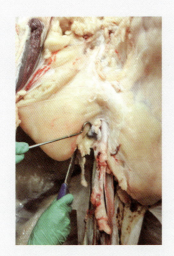

图3-2-156　吊挂：牛左肾上腺摘除（1）　图3-2-157　吊挂：牛左肾上腺摘除（2）

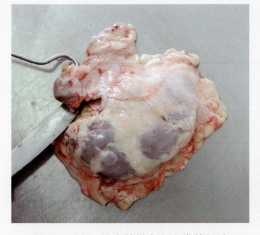

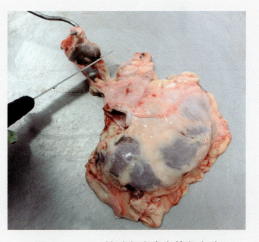

图3-2-158　摘出的带有肾脂囊的肾脏　　　　图3-2-159　摘除肾脂囊上的肾上腺

（十）肾脏检查

1．岗位设置　牛的肾脏不带在胴体上，在红脏取出后摘取，因此，检查岗位可设在白内脏、红内脏检查之后胴体检查之前，或胴体检查之后，单独进行。

2．检查内容　剥离肾包膜，视检肾脏色泽、大小和形状是否正常，触检弹性和硬度，观察有无出血、淤血、变性、坏死、囊肿和肿瘤等病变。必要时剖开肾实质，检查皮质、髓质和肾盂有无出血、肿大等。

3．操作技术　位置简介：牛肾被脂肪囊包裹（图3-2-152），为有沟多乳头肾，右肾呈长椭圆形，上下稍扁。左肾呈三棱形，前端较小，后端大而钝圆（图3-2-160）。牛肾的肾叶明显，表面为皮质，内部为髓质，肾乳头大部分单独存在（图3-2-161）。

图3-2-160　去掉肾脂囊和包膜的牛左肾

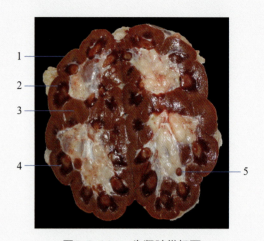

图3-2-161　牛肾脏纵切面

1.被膜　2.皮质　3.肾乳头　4.髓质　5.肾小盏

（1）肾脏检查

①吊挂检查：左手持钩钩住肾脂囊中部，右手握刀，由上向下沿肾脂囊表面纵向将肾脂囊及肾包膜剖开（图3-2-162），深度以不伤及肾实质（图3-2-163），然后将刀尖伸进刀口，以刀尖背侧将肾包膜向右外侧挑开（图3-2-164），同时将左手的检验钩拉紧沿顺时针向左上方转动，两手外展，将肾脏从肾脂囊和肾包膜中完全剥离出来，观察肾脏有无异常（图3-2-165）。右肾检查方法相同（图3-2-166、图3-2-167）。

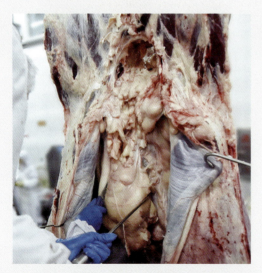

图3-2-162　吊挂：牛左肾检查（1）

左手持钩钩住肾脂囊中部，右手从上向下纵剖肾脂囊及肾包膜

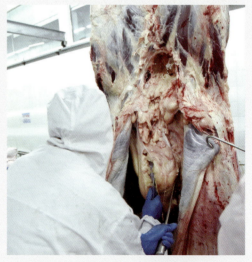

图3-2-163　吊挂：牛左肾检查（2）

剖开肾脂囊及肾包膜，深度不伤及肾实质

图3-2-164　吊挂：牛左肾检查（3）

将刀尖伸进刀口，以刀尖背侧将肾包膜向右外侧挑开

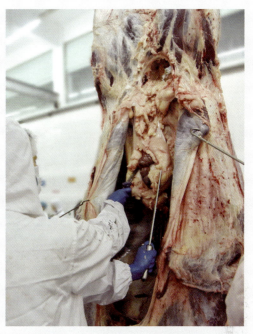

图3-2-165　吊挂：牛左肾检查（4）

拉紧检验钩沿顺时针向左上方转动，两手外展，将肾脏从肾脂囊和肾包膜中完整剥离出来，仔细观察肾脏有无异常

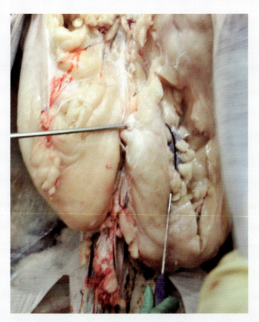

图3-2-166　吊挂：牛右肾检查（1）

剖开肾脂囊及肾包膜

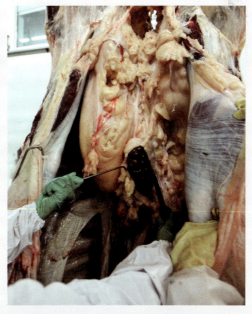

图3-2-167　吊挂：牛右肾检查（2）

完整剥离肾脂囊及肾包膜，观察肾脏有无异常

图3-2-168 去掉肾脂囊和肾包膜，观察肾脏有无异常

②检验台检查（图3-2-168）。

（2）肾脏剖检（必要时） 剖开肾实质，纵向切开，剖面充分暴露，检查皮质、髓质和肾盂有无出血、肿大等，还应注意检查有无间质性肾炎、萎缩、先天性囊肿、梗死、肾盂积液、肿瘤等。

①吊挂检查（图3-2-169、图3-2-170）。

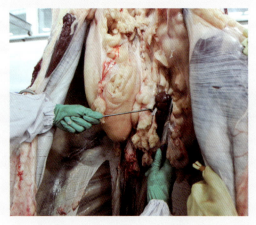

图3-2-169 吊挂：肾脏剖检（1）
纵向剖开肾实质

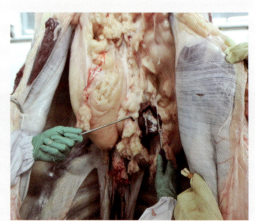

图3-2-170 吊挂：肾脏剖检（2）
剖面充分暴露，观察有无异常

②检验台检查（图3-2-171、图3-2-172）。

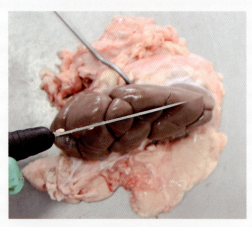

图3-2-171 检验台：肾脏剖检（1）
纵向剖开肾实质

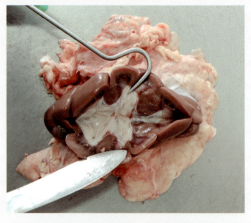

图3-2-172 检验台：肾脏剖检（2）
剖面充分暴露，观察有无异常

主要病变可见肾囊肿（图3-2-173）、肾结石（图3-2-174）、肾盂积水、肾萎缩、肾硬化、肾脓肿、各种肾炎（图3-2-175）、先天性囊腔、肿瘤（图1-3-22）等。

图3-2-173　肾囊泡

肾脏实质内散在0.3~2cm大的囊泡，囊泡内充满透明水样液，周围肾实质未见显著变化

（张旭静，2003．动物病理学检验彩色图谱）

图3-2-174　肾盂结石

肾盏扩张，肾盏中可见类圆形、表面光滑的坚硬白色结石。肾皮质部萎缩变薄、色淡，有黄白色纤维化条纹

（张旭静，2003．动物病理学检验彩色图谱）

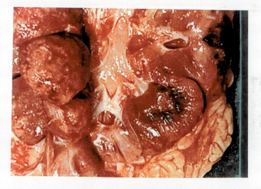

图3-2-175　肾盂肾炎

肾脏表面密布粟粒至米粒大乳白色结节，孤立或呈集团状，见出血和坏死。切面和表面布满同样病变，界限不清

（张旭静，2003．动物病理学检验彩色图谱）

（十一）摘除卵巢和子宫

1．岗位设置　放在胃肠和肺心肝摘取之后进行或与胃肠摘除同时进行。

2．操作技术　位置简介：母牛的生殖器官由卵巢、输卵管、子宫、阴道、尿生殖道前庭和阴门组成（图3-2-176、图3-2-177）。卵巢呈稍扁的椭圆形，平均长4cm，宽2cm，厚1cm。成年母牛的子宫大部分位于腹腔内，子宫角较长，卷曲呈绵羊角状（图3-2-177）。

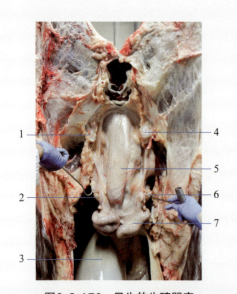

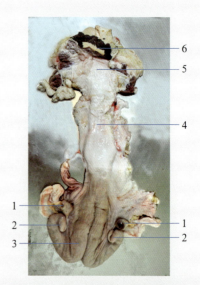

图3-2-176　母牛的生殖器官

1.左侧腹股沟深淋巴结　2.左侧卵巢　3.盲肠
4.右侧腹股沟深淋巴结　5.膀胱　6.右侧卵巢
7.子宫

图3-2-177　离体母牛的生殖器官

1.卵巢　2.子宫角　3.子宫体　4.阴道
5.尿生殖前庭　6.阴门

（1）吊挂牛剖腹后，左手提起卵巢，右手持刀将其摘除（图3-2-178、图3-2-179），放到专用容器中。然后再摘除子宫，方法同下（图3-2-180），放到专用容器中。

图3-2-178　吊挂：牛摘除左侧卵巢

图3-2-179　吊挂：牛摘除右侧卵巢

（2）吊挂牛剖腹后，左手提起母牛的子宫和卵巢，右手持刀将其摘除（图3-2-180、图3-2-181），放到专用容器中。在离体的母牛生殖系统中，找到卵巢，将其摘除（图3-2-182、图3-2-183）。

注意：摘除后不得随意丢弃，要存放在不透水的专用容器中，容器要有明显的标识。可作为提取生物产品的原料，或集中销毁处理。

图3-2-180　摘除子宫和卵巢（1）

图3-2-181　摘除子宫和卵巢（2）

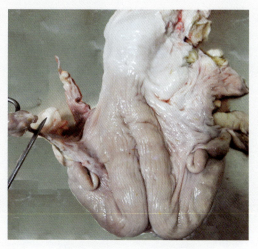
图3-2-182　左侧卵巢摘除

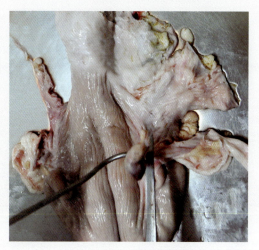
图3-2-183　右侧卵巢摘除

（十二）生殖器官检查

GB 18393—2001《牛羊屠宰产品品质检验规程》规定在屠体剖腹前后应观察被摘除的乳房、生殖器官和膀胱有无异常。但是建议在摘除生殖器官前在胴体上进行视检和淋巴结检查，如有异常，摘除之后与内脏进行对照检查。

1. 睾丸和附睾检查

（1）岗位设置　设置在割除生殖器官工序之前或之后。

（2）检查内容与操作技术　位置简介：公牛的生殖器官由睾丸、附睾、输精管、尿生殖道、副性腺、阴茎、阴囊和包皮组成（图3-2-184）。牛的睾丸较大，呈长椭圆形，睾丸头位于上方，附睾位于睾丸的后缘（图3-2-185），睾丸实质呈微黄色。腹股沟浅淋巴结位于阴囊的上方，精索的后方，阴茎形成弯曲处的侧方（图3-2-184）。

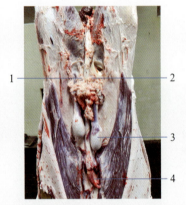

图3-2-184　公牛的生殖器官

1.左侧腹股沟浅淋巴结　2.右侧腹股沟浅淋巴结　3.睾丸　4.阴茎

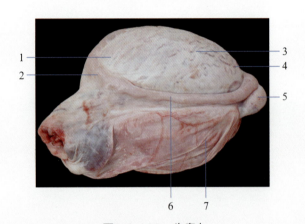

图3-2-185　牛睾丸

1.睾丸头　2.附睾头　3.睾丸体　4.睾丸尾　5.附睾尾　6.附睾体　7.总鞘膜

检查睾丸有无肿大（图3-2-186、图3-2-187），睾丸、附睾有无化脓、坏死灶等。用检验刀从中部切开（图3-2-188），剖面充分暴露（图3-2-189），观察有无异常。

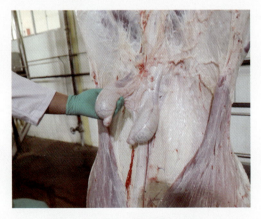

图3-2-186　胴体上睾丸视检

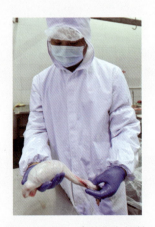

图3-2-187　离体睾丸视检

图3-2-188　牛睾丸纵剖（1）

用检验刀从中部切开

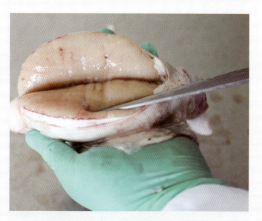

图3-2-189　牛睾丸纵剖（2）

充分暴露剖面，观察有无异常

2. 乳房检查

（1）岗位设置　设置在割除生殖器官工序之前或之后。乳房检查可与胴体一道或单独进行，与内脏检查中生殖器官检验进行对照检查。

（2）检查内容与操作技术　位置简介：牛乳房呈倒置圆锥状，悬吊于耻骨部腹下壁，分为基部、体部和乳头部（图3-2-190、图3-2-191）。

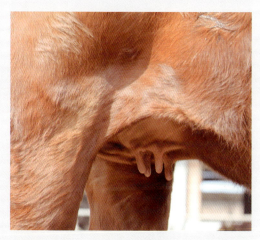

图3-2-190　牛乳房在躯体的位置（侧面观）

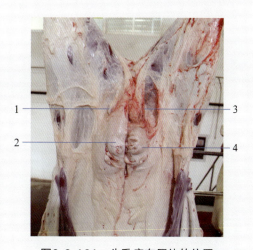

图3-2-191　牛乳房在屠体的位置

1.牛乳房左侧淋巴结　2.牛左侧乳房

3.牛乳房右侧淋巴结　4.牛右侧乳房

①视检和触检：视检乳房形状、大小，注意有无肿大、变形、水疱、脓疱、结节，触检乳房弹性（图3-2-192、图3-2-193）。

图3-2-192　胴体上乳房的视检和触检

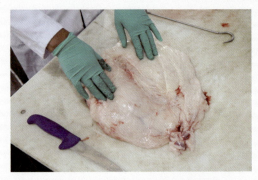
图3-2-193　离体乳房的视检和触检

②乳房淋巴结检查（必要时）：将乳房淋巴结从中部切开，剖面充分暴露，观察有无病变。

a．胴体上乳房淋巴结检查：左右两侧检查方法相同（图3-2-194、图3-2-195）。

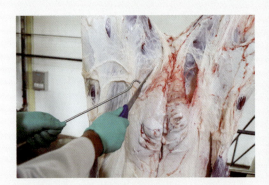
图3-2-194　左侧乳房淋巴结检查（1）

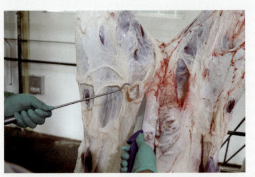
图3-2-195　左侧乳房淋巴结检查（2）

b．离体乳房淋巴结检查：左侧乳房淋巴结检查方法同右侧（图3-2-196、图3-2-197）。

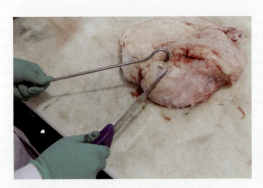
图3-2-196　离体右侧乳房淋巴结检查（1）

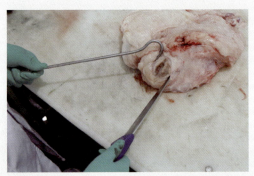
图3-2-197　离体右侧乳房淋巴结检查（2）

③乳房实质切检（必要时）：持检验刀沿乳房中部切开乳房实质，剖面充分暴露，进行观察。

a. 胴体上乳房实质检查（图3-2-198、图3-2-199）。

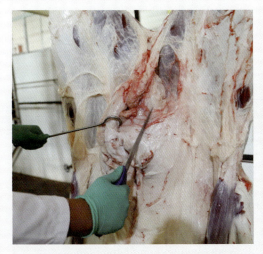 

图3-2-198　胴体上乳房实质检查（1）　　　图3-2-199　胴体上乳房实质检查（2）

b. 离体乳房实质检查（图3-2-200、图3-2-201）。

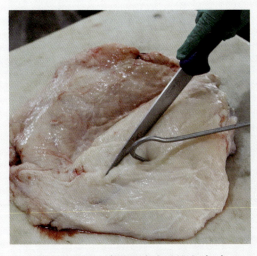 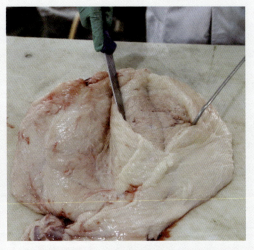

图3-2-200　离体乳房实质检查（1）　　　图3-2-201　离体乳房实质检查（2）

当发现有化脓性乳房炎（图3-2-202、图3-2-203）、生殖器官肿瘤和其他病变时，将该胴体连同内脏等推入病肉岔道，由专人进行对照检查和处理。

图3-2-202　慢性化脓性乳房炎

乳房切面膨隆，乳管扩张，内含黄白色凝固脓液。乳房因结缔组织增生而硬化

（张旭静，2003. 动物病理学检验彩色图谱）

图3-2-203　急性乳房炎

乳管部和乳腺部的交界处有出血性病灶。乳管和乳池内有凝固的乳汁。青绿色是治疗用抗生素

（张旭静，2003. 动物病理学检验彩色图谱）

3. 子宫检查

（1）岗位设置　设置在取出白内脏和红内脏之后进行。

（2）检查内容与操作技术　视检母牛子宫浆膜和黏膜的色泽，触检质地，注意浆膜有无出血、黏膜有无黄白色或干酪样结节。

①视检：子宫浆膜的色泽，触检质地，注意有无出血（图3-2-204、图3-2-205）。

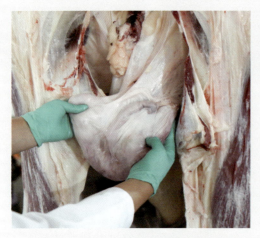

图3-2-204　胴体上子宫视检触检

子宫浆膜有充血

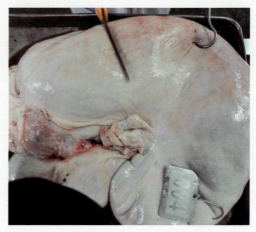

图3-2-205　离体子宫视检触检

子宫体积增大，浆膜出血，有腐败气味

②子宫剖检：纵向切开，暴露子宫黏膜；检查黏膜有无黄白色或干酪样结节（图3-2-206至图3-2-211）。

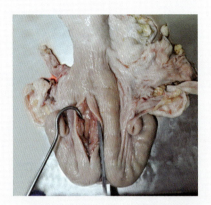

图3-2-206　子宫剖检（1）

纵向切开，暴露子宫黏膜仔细观察

图3-2-207　子宫剖检（2）

子宫黏膜弥漫性出血

图3-2-208　剖开子宫，内有黑色恶臭浓稠液体

图3-2-209　冲洗干净可见子宫黏膜有出血、坏死，疑似流产后母牛

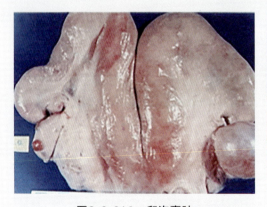

图3-2-210　卵泡囊肿

右侧卵巢有一个壁薄的大卵泡囊肿。左侧有一个小的黄体

（Roger W.Blowey, A.David Weaver, 2004.牛病彩色图谱，齐长明译）

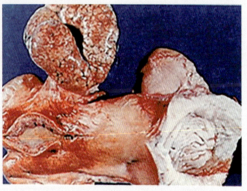

图3-2-211　卵巢颗粒细胞瘤

右侧卵巢有一个大的囊泡性肿瘤。切开后见子宫内膜肥厚、子宫腔内贮留黏液

（张旭静，2003. 动物病理学检验彩色图谱）

三、胴体检查

（一）胴体整体检查

1．岗位设置　设在劈半前后进行。

2．检查内容　检查皮下组织、脂肪、肌肉、淋巴结以及腹腔浆膜有无淤血、出血、疹块、脓肿和其他异常等。

3．操作技术

（1）视检整体　左手用检验钩，钩住胴体腹部组织加以固定，视检整体和四肢，从上至下（图3-2-212至图3-2-215）仔细观察有无异常，有无淤血、出血、化脓病灶，腰背部和前胸有无寄生性病变。臀部有无注射痕迹，发现后将注射部位的深部组织和残留物挖净。

（2）胸、腹腔视检　检验腹腔有无腹膜炎、脂肪坏死和黄染（图3-2-216）；检验胸腔中有无肋膜炎和结节状增生物（图3-2-217），观察颈部有无血污和其他污染（图3-2-218）。

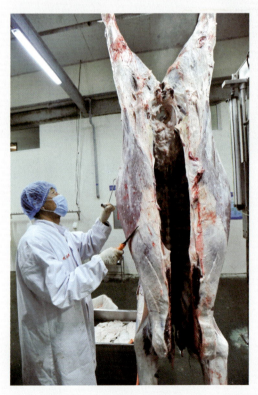

图3-2-212　左侧胴体视检（1）

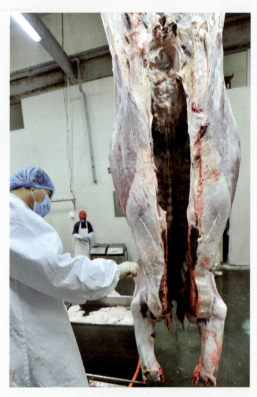

图3-2-213　左侧胴体视检（2）

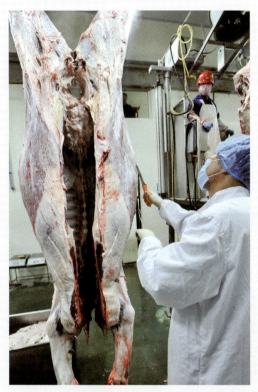

图3-2-214　右侧胴体视检

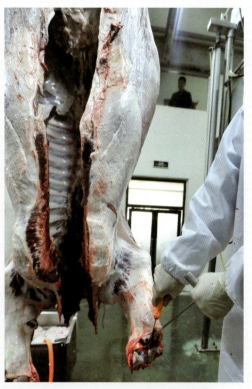

图3-2-215　视检割蹄后的腕关节

图3-2-216　腹腔视检

图3-2-217　胸腔视检

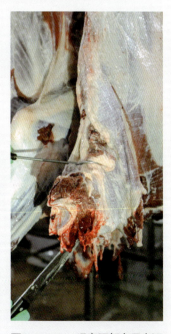

图3-2-218　观察颈部有无血污

（3）肌肉检查（必要时） 检查股部内侧肌、内腰肌和肩胛外侧肌有无淤血、水肿、出血、变性等变状，有无囊泡状或细小的寄生性病变。

①内腰肌：纵切内腰肌观察切面有无牛囊尾蚴寄生。左侧腰肌检查方法为：左手持钩，钩住左侧腹壁，右手持刀紧贴腰椎运刀（图3-2-219），由上向下将腰肌完全切离腰椎。然后再将腰肌切口中部钩住，向左外侧拉，暴露切面（图3-2-220），也可在腰肌切面上再向下平行纵切两刀（图3-2-221），仔细观察切面上有无牛囊尾蚴寄生或钙化灶。

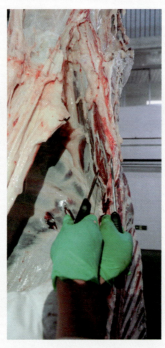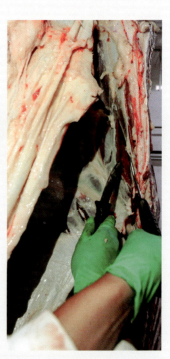

图3-2-219 左侧腰肌检查（1） 图3-2-220 左侧腰肌检查（2） 图3-2-221 左侧腰肌检查（3）

右侧腰肌检查方法为：左手持钩，反向钩住右侧腹壁，右手持刀位于左手下方紧贴腰椎运刀，由上向下将腰肌完全切离腰椎（图3-2-222）。然后再将腰肌切口中部钩住，向右外侧拉，暴露切面，也可在腰肌切面上再向下平行纵切两刀（图3-2-223），仔细观察切面上有无牛囊尾蚴寄生或钙化灶。

②股部内侧肌和肩胛外侧肌检查：检验有无淤血、水肿、出血、变性等病变，有无囊泡状或细小的寄生性病变。仔细观察股部内侧肌（图3-2-224）和肩胛外侧肌（图3-2-225）有无肿胀、白色条纹、条块的斑纹状外观的恶性口蹄疫症状；有无DFD、PSE肉特征；必要时进行剖检（图3-2-226、图3-2-227）。

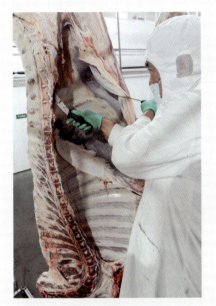

图3-2-222 右侧腰肌检查（1）

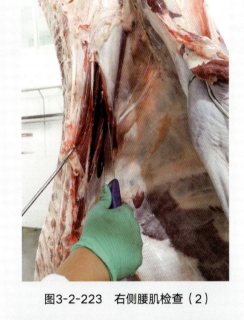

图3-2-223 右侧腰肌检查（2）

图3-2-224 股部内侧肌视检

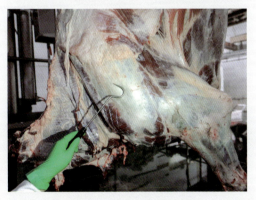

图3-2-225 肩胛外侧肌视检

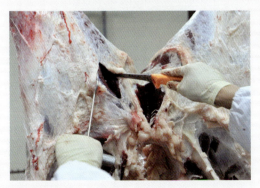

图3-2-226 左侧股部内侧肌检查（必要时）

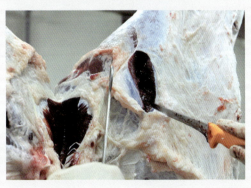

图3-2-227 右侧股部内侧肌检查（必要时）

（二）淋巴结检查

1. **岗位设置** 设在内脏取出以后，劈半之前或之后进行。

2. **检查流程** 颈浅淋巴结→髂下淋巴结→腹股沟深淋巴结。

3. **检查内容和操作技术**

（1）颈浅淋巴结（肩前淋巴结）检查 位置简介：牛胴体倒挂时，在肩关节前稍上方，形成一个椭圆形隆起，该淋巴结就埋藏在内。

在肩关节前稍上方剖开臂头肌、肩胛横突肌下的一侧颈浅淋巴结，检查切面形状、色泽及有无肿胀、淤血、出血、坏死灶。两侧检查方法相同（图3-2-228至图3-2-235）。

图3-2-228 左侧颈浅淋巴结检查（1）

钩住前肢肌肉并向下侧方拉拨，右手持刀使刀尖稍向肩部，在隆起的最高处刺入并顺着肌纤维切开一条长10～15cm的切口

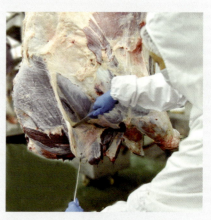

图3-2-229 左侧颈浅淋巴结检查（2）

用检验钩把切口的一侧拉开，就可以看到被脂肪组织包着的颈浅淋巴结

图3-2-230 左侧颈浅淋巴结检查（3）

纵向切开淋巴结

图3-2-231 左侧颈浅淋巴结检查（4）

充分暴露切面，观察有无异常

图3-2-232　右侧颈浅淋巴结检查（1）

图3-2-233　右侧颈浅淋巴结检查（2）

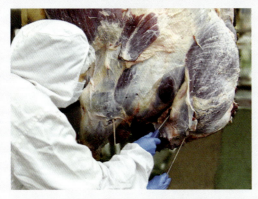

图3-2-234　右侧颈浅淋巴结检查（3）

图3-2-235　右侧颈浅淋巴结检查（4）

　　如在屠宰流程中有去掉肩淋巴油的工序（图3-2-236），取出肩淋巴油收集到专用容器，然后切检颈浅淋巴结进行观察，并摘除淋巴结（图3-2-237）置于专用容器收集。

图3-2-236　去牛左侧肩淋巴油

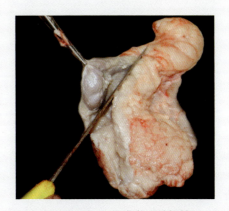

图3-2-237　颈浅淋巴结切检

（2）髂下淋巴结（股前淋巴结、膝上淋巴结）检查　位置简介：牛胴体倒挂时，由于腿部肌群向后牵直，将原来膝褶拉成一道斜沟，在此沟里可见一条长约10cm的棒状隆起，该淋巴结就埋藏在其内。

剖开一侧淋巴结，检查切面形状、色泽、大小及有无肿胀、淤血、出血、坏死灶等。

左手持钩，钩住膝褶斜沟的棒状隆起（图3-2-238），右手运刀在膝关节的前上方、阔筋膜张肌前缘膝褶内侧脂肪层剖开一侧髂下淋巴结（图3-2-239、图3-2-240），充分暴露切面（图3-2-241），检查有无异常。两侧检查方法相同（图3-2-242、图3-2-243）。

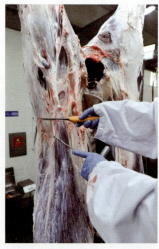
图3-2-238　左侧髂下淋巴结检查（1）

图3-2-239　左侧髂下淋巴结检查（2）

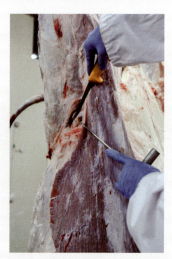
图3-2-240　左侧髂下淋巴结检查（3）

图3-2-241　左侧髂下淋巴结检查（1）

图3-2-242　右侧髂下淋巴结检查（2）

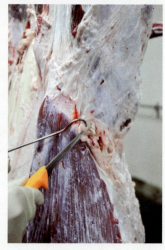
图3-2-243　右侧髂下淋巴结检查（3）

（3）腹股沟深淋巴结检查（必要时）　位置简介：位于髂外动脉分出股深动脉的起始部上方，胴体倒挂时，位于骨盆腔横径线的稍下方（图3-2-176），骨盆边缘侧方2～3cm处，有时候也稍向两侧上下移位。

剖开一侧淋巴结，充分暴露切面，检查切面形状、色泽、大小及有无肿胀、淤血、出血、坏死灶等。两侧检查方法相同（图3-2-244至图3-2-247）。

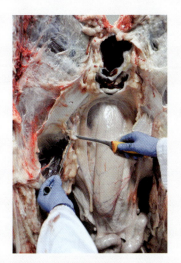
图3-2-244　左侧腹股沟深淋巴结检查（1）

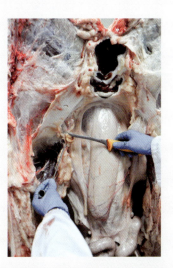
图3-2-245　左侧腹股沟深淋巴结检查（2）

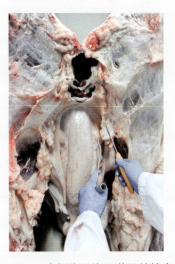
图3-2-246　右侧腹股沟深淋巴结检查（1）

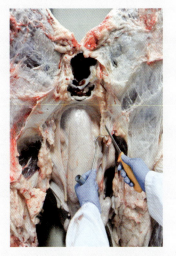
图3-2-247　右侧腹股沟深淋巴结检查（2）

四、寄生虫检查

按照农医发〔2010〕27号《牛屠宰检疫规程》规定，牛寄生虫的检疫对象为日本血吸虫病。

牛囊尾蚴、肉孢子虫、肝片吸虫对肉品的质量和食肉安全也较重要，因此在此处列出其检疫方法供参考。

（一）日本血吸虫的检查

1．检查部位　肝门静脉和肠系膜静脉、肝脏、胃肠。

2．岗位设置　分别在肝脏检查和胃肠检查岗位进行。

3．检查方法　通过肉眼观察，在肝门静脉和肠系膜静脉发现虫体（图1-2-34）或在肝脏和胃肠发现虫卵结节，即可进行判定，必要时进行实验室检验。

实验室检验按照GB/T 18640—2002《家畜日本血吸虫病诊断技术》规定的粪便毛蚴孵化法和间接血凝试验技术进行检验。间接血凝试验还可应用于基本消灭和消灭地区血吸虫病的监测。

（二）牛囊尾蚴检查

1．检查部位　咬肌、腰肌、膈肌和心肌，必要时检查肩胛外侧肌、股内侧肌和臀部肌肉。

2．岗位设置

（1）咬肌检查　头蹄检查岗位进行。

（2）腰肌和膈肌检查　胴体肌肉检查岗位进行。

（3）心肌检查　心脏检查岗位进行。

3．检查方法

（1）剖检　用检验刀剖检咬肌、心肌、腰肌和膈肌（图3-2-248），观察肌肉切面有无椭圆形淡黄色半透明包囊或发生钙化（图3-2-249）。

（2）显微镜观察　镜下可见头节上的4个吸盘。

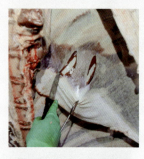

图3-2-248　膈肌检查
用检验钩钩住横膈膜腱质部，
把横膈膜拉开，在肌质部横
切几条切口仔细观察

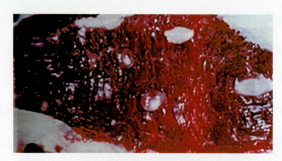

图3-2-249　牛囊尾蚴
寄生于横膈肌脚部的肌肉内，由一层厚的被膜包裹，呈
乳白色，中央有乳白色的头节
（张旭静，2003．动物病理学检验彩色图谱）

（三）肉孢子虫

1．检查部位　咬肌、膈肌和心肌，必要时检查食管。

2．岗位设置

（1）咬肌检查　头蹄检查岗位进行。

（2）膈肌检查　胴体肌肉检查岗位进行。

（3）心肌检查　心脏检查岗位进行。

3．检查方法

（1）肉眼观察　可见与肌纤维平行、大小3～20mm的呈白色纺锤形的孢子囊（图3-2-250、图3-2-251）。

（2）显微镜观察　虫体呈柳叶形，呈灰白色或白色，内含无数个肾形、镰刀形或香蕉形的滋养体。

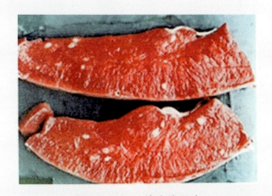

图3-2-250　住肉孢子虫
左心室壁纵断面。见与心肌走向平行的乳白色、米粒大的结节，为住肉孢子虫
（张旭静，2003．动物病理学检验彩色图谱）

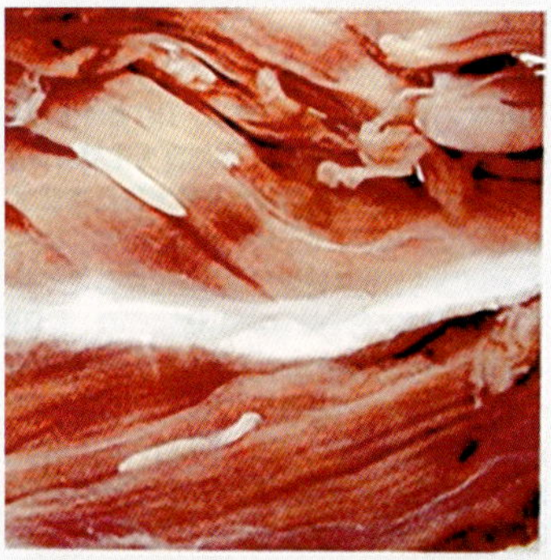

图3-2-251　水牛膈肌中可见2个棒状灰白色的肉孢子虫寄生，虫囊大而长
（陈怀涛，2008．牛病诊疗原色图谱）

（四）肝片吸虫

1．检查部位　肝脏、胆管。

2．岗位设置　肝脏检查岗位进行。

3．检查方法　左手持钩，钩住肝门的结缔组织，如见胆管粗大凸起，在肝门下方以浅刀斜切并横断胆管，然后用刀背向切口方向挤压胆管，检查有无肝片吸虫（详见肝脏检查）。

五、摘除病变组织器官

宰后检查发现病变组织器官应摘除（图3-2-252、图3-2-253）并按照相关规定进行处理。

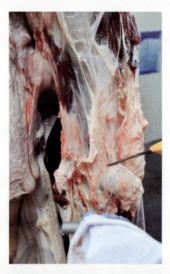

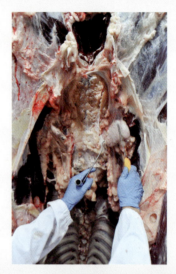

图3-2-252　摘除肿大的右侧髂下淋巴结　　　图3-2-253　摘除肿大的右侧腹股沟深淋巴结

六、复检

1. 岗位设置　设在胴体检查之后进行。

2. 复检内容　复检于劈半后进行，复检人员结合上述所有检验检疫点的结果，进行一次全面复查，综合判定检验检疫结果（图3-2-254至图3-2-258）。

图3-2-254　检查肌肉组织有无水肿、变性等变化　　图3-2-255　检查臀部有无残留的注射痕迹　　图3-2-256　检查椎骨中有无化脓灶和钙化灶，骨髓有无褐变和溶血现象

图3-2-257　检查放血程度　　　图3-2-258　检查膈肌有无水
　　　　　　　　　　　　　　　　　　　　　　　　肿和白血病病变

第三节　宰后检验检疫结果处理

结合头蹄部、内脏、胴体、复检、实验室检验结果，综合判定胴体、内脏等产品是否能食用，并确定所检出的各种病害肉的安全处理方法。

一、合格肉品的处理

农医发〔2010〕27号《牛屠宰检疫规程》规定，经全面检疫合格的，加盖国家统一规定的检疫验讫印章，并签发《动物检疫合格证明》（图3-3-1至图3-3-3），对分割包装的牛肉要加施检疫标志。健康无病、卫生、质量及感官性状符合要求的，由屠宰厂（场）在牛胴体上加盖本厂（场）的肉品品质检验合格印章。

图3-3-1　出　证

图3-3-2　动物检疫合格证明（产品B）

图3-3-3　动物检疫合格证明（产品A）

二、不合格肉品的处理

经检验检疫不合格的，按以下规定处理。

1. 发现有口蹄疫的、牛传染性胸膜肺炎、牛海绵状脑病及炭疽等疫病症状的，限制移动，并按照《中华人民共和国动物防疫法》《重大动物疫情应急条例》《动物疫情报告管理办法》和农医发［2017］25号《病死及病害动物无害化处理技术规范》等有关规定处理。

2. 发现有布鲁氏菌病、牛结核病、牛传染性鼻气管炎等疫病症状的，病牛按相应疫病的防治技术规范处理，同群牛隔离观察，确认无异常的，准予屠宰。

3. 发现患有《牛屠宰检疫规程》规定以外疫病的，对病牛胴体及副产品按农医发［2017］25号《病死及病害动物无害化处理技术规范》处理，对污染的场所、器具等按规定实施消毒，并做好《生物安全处理记录》。

4. 发现脓毒症、尿毒症、急性和慢性中毒、恶性肿瘤、全身性肿瘤、过度瘠瘦及肌肉变质、高度水肿等的，胴体、内脏、副产品应全部做非食用或销毁。

5. 组织和器官发现创伤、局部化脓、皮肤发炎、严重充血与出血、浮肿、病理性肥大或萎缩、变质钙化、寄生虫损害、非恶性肿瘤、异色、异味或异臭及其他有碍食肉卫生部分，变化轻微的，割除病变部分进行非食用或销毁处理；变化严重的，进行化制或销毁处理。对患有开放性骨瘤且有脓性分泌物的或在舌体上有类似肿块的牛头，进行化制处理。

疫病控制小贴士

1. 头部全面观察

口蹄疫：鼻唇镜、齿龈、口腔黏膜及舌面等皮肤出现水疱、溃疡、烂斑。

放线菌病：下颌骨开放性骨瘤且有脓性分泌物，舌体上有类似肿块。有时可见眼眶有鸡蛋大的硬节。

炭疽：咽、颈部局限性炎性水肿，皮下出血性胶样浸润。

2. 头部淋巴结检查

牛痈型炭疽：淋巴结切面呈暗红色或砖红色、周围有水肿或胶样浸润。

牛结核病：淋巴结有白色结节，干酪变性或有钙化结节。

牛白血病：淋巴结显著肿大、切面呈鱼肉样、质地脆弱、指压易碎。

3. 腹腔视检

结核病：腹膜有"珍珠"病。

创伤性网胃炎：网胃与腹壁粘连，恶臭味，局灶性腹膜炎。

4. 脾脏检查

牛炭疽：脾脏显著肿大、被膜紧张、触摸有波动感、质地柔软、脾髓焦黑，流出暗红色似煤焦油状血液。

牛白血病：脾脏肿大，脾脏的滤泡肿胀呈西米脾样。

5. 肠系膜淋巴结检查

肠炭疽：肠系膜淋巴结肿大，切面充血出血樱桃红或砖红色，有黑色坏死灶。

结核病：肠系膜淋巴结有结核结节或干酪样坏死。

日本血吸虫：肠系膜淋巴结有增生性和纤维性的虫卵结节。

白血病：淋巴结显著肿大、切面呈鱼肉样、质地脆弱、指压易碎。

6. 胃肠检查

口蹄疫：胃、肠出现出血性炎症，瘤胃黏膜尤其应注意肉柱部分，常见浅平褐色糜烂。

肠炭疽：肠黏膜出血性坏死性炎症，其表面覆盖纤维素性坏死性黑色痂膜，或形成痈型炭疽。肠系膜淋巴结肿大，切面呈黑红色并有出血点。

结核病：腹腔内腹膜上可见密集的结核结节，或肠道有结核结节或结核性溃疡。

日本血吸虫病：胃、肠壁、肠系膜及肠系膜淋巴结等有虫卵沉积结节；肠系膜血管中有时能发现寄生的成虫。

7. 肺脏检查

牛结核病：肺脏可见结核结节或干酪样坏死的特征性病变，在胸膜和肺膜可发生密集的形如珍珠状结核结节。

牛传染性胸膜肺炎：肺脏大理石样变，多见于右侧肺膈叶。病程长见肺小叶发生肉变或坏死，坏死性包囊发生干酪化或脓性液化，形成空洞或瘢痕。淋巴结肿大，切面多汁呈黄白色，可见坏死灶。

牛传染性鼻气管炎：呼吸道黏膜的高度炎症，有浅溃疡，其上覆有灰色、恶臭、脓性渗出物。

8. 心脏检查

口蹄疫：心肌脂肪变性和坏死，"虎斑心"。心内膜、心外膜有出血斑点。

炭疽：血凝不良，呈黑红色。心肌松软，心内外膜出血。

牛白血病：心脏上生有蕈状肿瘤或见红白相间、隆起于心肌表面的病变。

神经纤维瘤：心脏四周神经粗大如白线，向心尖处聚集或呈索状延伸，腋下神经粗大、水肿呈黄色。

9. 肝脏检查

日本血吸虫病：肝脏多见虫卵性结节，胆囊偶见虫卵沉积，肝门静脉有雌雄合抱的成虫虫体。

肝片吸虫：肝脏变硬、萎缩，胆管粗大凸起，胆管和肝脏内可见大量寄生的肝片吸虫，有时可见黄疸；急性期肝脏肿大、多量出血斑，暗红色索状虫道，可发现童虫及幼小虫体。

10. 睾丸和附睾检查

牛布鲁氏菌病：睾丸炎或关节炎、滑膜囊炎，表现为睾丸、附睾与精索淤血、水肿、炎症，偶见阴茎红肿、睾丸和附睾肿大等症状。

牛传染性鼻气管炎：公牛表现为传染性脓疱性龟头包皮炎。

11. 乳房检查

牛布鲁氏菌病：乳腺的病变为间质性或兼有实质性乳腺炎，重者可继发乳腺萎缩和硬化。

牛结核病：无热无痛、单纯的乳房肿胀；或表现为表面凹凸不平的坚硬大肿块或乳腺中有多数不痛不热的坚硬结节。

牛口蹄疫：乳头及乳房皮肤出现大小不一的水疱、糜烂、溃疡和结痂。

12. 子宫检查

布鲁氏菌病：表现为子宫与胎膜出血、水肿、坏死。

结核病：母牛子宫黏膜有黄白色或干酪样结节。

13. 胴体肌肉检查

结核病：胸腹膜有灰红、湿润的形如珍珠状的密集的结节群。

布鲁氏菌病：膝关节和腕关节肿胀，关节炎、黏液囊炎变化。

恶性口蹄疫：多见于股部、肩胛部、前臂部和颈部肌肉，病变与心肌类似，肌肉切面可见灰白色或灰黄色条纹与斑点，有斑纹状外观。

牛囊尾蚴病：呈浅黄色黄豆或豌豆大小的椭圆形包囊，寄生在肌纤维之间，其周围可形成结缔组织包囊。有时可能发生机化或钙化。

肉孢子虫病：虫体与肌纤维平行，呈白色纺锤形，大小3～20mm。

14. 胴体淋巴结检查

炭疽：急性炭疽表现为全身淋巴结肿胀、出血、水肿；痈型炭疽表现为痈肿部位皮下出血性胶样浸润，附近淋巴结肿大，周围水肿，淋巴结切面呈暗红色或砖红色。

牛结核：淋巴结有结核结节或干酪样坏死。

牛白血病：全身淋巴结均显著肿大、切面呈鱼肉样、质地脆弱、指压易碎。

第四章

实验室检验

实验室检验是保障屠宰环节肉品质量安全的重要环节，是继宰前、宰后检验检疫之后控制肉品质量的最后一道关口。通过实验室检验可与宰前、宰后检验检疫形成有效的补充，将疫病、掺杂使假、微生物、兽药残留和重金属污染等诸多影响着我国肉类质量安全的风险防范到最低，保证上市肉类的质量安全。

GB/T 17238—2008《鲜、冻分割牛肉》、GB/T 9960—2008《鲜、冻四分体牛肉》和GB 2707—2016《食品安全国家标准 鲜（冻）畜、禽产品》对感官、挥发性盐基氮、菌落总数、大肠菌群、水分、净含量等指标做出规定。

第一节　采样方法

一、理化检验的采样方法

按照GB/T 9695.19—2008《肉与肉制品 取样方法》的规定进行。

1. 鲜肉的取样　从3～5片胴体（图4-1-1）或同规格的分割肉（图4-1-2）上取若干小块混为一份样品，对样品进行编号（图4-1-3），并带回实验室（图4-1-4）。

2. 冻肉的取样　成堆产品（图4-1-5）：在堆放空间的四角和中间设采样点，每点从上、中、下三层取若干小块混为一份样品。包装冻肉（图4-1-6）：随机取3～5包混合。

图4-1-1　胴体取样

图4-1-2　分割肉取样

图4-1-3　编号并记录重量

图4-1-4　样品带回实验室检验

图4-1-5　成堆产品

图4-1-6　包装冻肉

3. 成品库的抽样　按GB/T 17238—2008的规定，从成品库中码放产品（图4-1-7）的不同部位，按表4-1-1规定的数量抽样。从全部抽样数量中抽取2kg试样用于检验。

表4-1-1　抽样数量及判定规则

批量范围 / 箱	样本数量 / 箱	合格判定数 Ac	不合格判定数 Re
<1 200	5	0	1
1 200~2 500	8	1	2
>2 500	13	2	3

图4-1-7　成品库

二、微生物学检验样品的采集

按照GB 4789.1—2016《食品安全国家标准　食品微生物学检验　总则》的规定进行样品采集。

1. 采样方案　采用方案分为二级和三级采样方案。二级采样方案设有n、c和m值，三级方案设有n、c、m和M值。

n：同一批次产品应采集的样品件数；

c：最大可允许超出m值的样品数；

m：微生物指标可接受水平的限量值（三级采样方案）或最高安全限量值（二级采样方案）；

M：微生物指标的最高安全限量值。

2. 采样原则　样品的采集应遵循随机性、代表性的原则。采样过程应遵循无菌操作程序，防止一切可能的外来污染。

三、药残检测样品的采集

1. 样本量的确定　根据屠宰厂（场）的规模，按照屠宰数量采样，采集的样品不能经过任何洗涤或处理。尿样抽样数见表4-1-2。

表4-1-2　牛尿样抽样数

动物数量（样本数）	抽样个数	动物数量（样本数）	抽样个数
<50	5	101~500	12
51~100	8	>500	15

动物组织：根据屠宰动物数量算抽样个数。

注意：同一批次来自多个养殖场（户）时，抽检样品应涵盖每个场（户），且每个场（户）抽样数量不能少于1头。

2．采样方法

（1）尿样　用一次性杯子接取尿液约100mL，装入样品瓶中，标记，封装。

（2）肉样　待取样和已取样品不经过任何处理。带一次性手套，用不锈钢手术剪或手术刀割取样品。将取好的样品用清洁干燥的密实袋封装、标识、速冻。

第二节　感官检验和理化检验

肉的变质是一个渐进性过程，其变化又很复杂，很多因素都影响着对肉新鲜度的正确判断。因此，实践中一般都采用感官检验和实验室检验结合的方法。

一、感官检验

鲜（冻）牛肉的感官检验及卫生评价参照GB2707—2016《食品安全国家标准 鲜（冻）畜、禽产品》、GB/T 17238—2008《鲜、冻分割牛肉》和GB/T 9960—2008《鲜、冻四分体牛肉》的规定进行。冻牛肉需提前解冻后进行感官检验。

1．色泽、黏度、弹性（组织状态）、肉眼可见异物　将样品置于洁净的白色瓷盘中，视检（图4-2-1）、触检（图4-2-2）鉴别。肉眼可见异物包括伤斑、血瘀、血污、碎骨、病变组织、淋巴结、脓疱、浮毛或其他杂质。

图4-2-1　视检色泽和肉眼可见异物

图4-2-2　触检弹性和黏度

2．气味　嗅觉检验（图4-2-3）。

图4-2-3　嗅检气味

3．肉汤检验（图4-2-4至图4-2-6）。

图4-2-4　用表面皿盖上加热至50～60℃，开盖检查气味

图4-2-5　肉汤透明澄清，脂肪团聚于表面

图4-2-6　冷却后品尝肉汤滋味

二、温度测定

冷却肉、冷冻肉的温度测定（图4-2-7至图4-2-9）应注意钻头和温度计测温前后的消毒。

图4-2-7　冷却肉温度测定

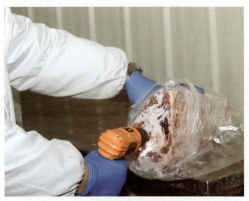

图4-2-5　钻头钻至肌肉深层中心

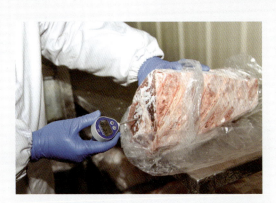

图4-2-6　温度计插入肌肉孔中，约3min后，记录温度计度数

三、理化检验

（一）挥发性盐基氮

挥发性盐基氮是动物性食品由于酶和细菌的作用，在腐败过程中，使蛋白质分解而产生氨以及胺类等碱性含氮物质。因其具有挥发性，在碱性溶液中蒸出，利用硼酸溶液吸收后，用标准酸溶液滴定计算挥发性盐基氮含量。测定挥发性盐基氮是衡量肉品新鲜度的重要指标之一。

测定方法参照GB 5009.228—2016《食品安全国家标准　食品中挥发性盐基氮的测定》，GB 2707—2016规定牛肉挥发性盐基氮≤15mg/100g。测定方法包括半微量

定氮法、自动凯氏定氮仪法、微量扩散法等，以半微量法为例进行说明。检验程序
见图4-2-10。

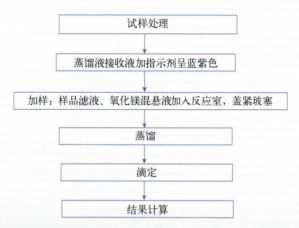

图4-2-10 半微量定氮法测定挥发性盐基氮的程序

1. 测定步骤（图4-2-11至图4-2-16）

图4-2-11 试样处理后过滤肉浸液

图4-2-12 硼酸吸收液加指示剂呈蓝紫色

图4-2-13 使冷凝管下端插入吸收液面下，准确加样入反应室

图4-2-14 蒸馏5min后，接收液面离开冷凝管再蒸馏1min

图4-2-15　以盐酸标准滴定溶液滴定，滴定起　　　　图4-2-16　颜色呈蓝紫色滴定至终点
　　　　　始颜色为深浅不同的绿色

试样中挥发性盐基氮的含量按下式计算：

$$X = \frac{(V_1 - V_2) \times c \times 14}{m \times (V / V_0)} \times 100$$

式中，

X：试样中挥发性盐基氮的含量，单位为毫克每百克（mg/100g）；

V_1：试液消耗盐酸或硫酸标准滴定溶液体积，单位为毫升（mL）；

V_2：试剂空白消耗盐酸或硫酸标准滴定溶液体积，单位为毫升（mL）；

c：盐酸或硫酸标准滴定溶液的浓度，单位为摩尔每升（mol/L）；

14：滴定1.0mL盐酸 [c（HCl）=1.000mol/L] 或硫酸 [c（$1/2H_2SO_4$）=1.000mol/L] 标准滴定溶液相当的氮的质量，单位为克每摩尔（g/mol）；

m：试样质量，单位为克（g）；或试样体积，单位为毫升（mL）；

V：准确吸取的滤液体积，单位为毫升（mL），本方法中$V=10$；

V_0：样液总体积，单位为毫升（mL），本方法中$V_0=100$；

100：计算结果换算为毫克每百克（mg/100g）或毫克每百毫升（mg/100mL）的换算系数。

2．注意事项

（1）装置使用前应做清洗和密封性检查。

（2）混合指示剂必须在临用时混合，随用随配。

（3）蒸馏反应过程中，冷凝管下端必须没入接收液面下，否则可能造成测定结果误差。

（4）实验结果以重复性条件下获得的两次独立测定结果的算术平均值表示，绝对差值不得超过算术平均值的10%。

（二）有害金属残留的测定（汞的测定）

GB 2762—2017《食品安全国家标准　食品中污染物限量》规定肉类铅的限量

0.2mg/kg，畜禽内脏为0.5mg/kg；肉类（除畜禽内脏外）镉的限量为0.1mg/kg，畜禽肝脏0.5mg/kg，畜禽肾脏为1.0mg/kg；肉类总汞限量为0.05mg/kg；肉类总砷0.5mg/kg。应分别按照相应的国家标准规定的方法进行测定，以汞的测定为例，按GB/T 5009.17—2014《食品安全国家标准 食品中总汞及有机汞的测定》的冷原子吸收光谱法进行说明。当样品称样量为0.5g，定容体积为25mL时，方法检出限为0.002mg/kg，方法定量限为0.007mg/kg。

汞蒸气对波长253.7nm的共振线具有强烈的吸收作用。试样经过酸消解或催化酸消解使汞转为离子状态，在强酸性介质中以氯化亚锡还原成元素汞，载气将元素汞吹入汞测定仪，进行冷原子吸收测定，在一定浓度范围其吸收值与汞含量成正比，外标法定量。检验程序见图4-2-17。

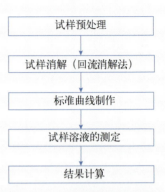

图4-2-17 冷原子吸收光谱法测定总汞的程序

1. 测定步骤

（1）试样消解（图4-2-18至图4-2-21）。

图4-2-18 小火加热，发泡即停止加热，发泡停止后，加热回流2h

图4-2-19 加热中溶液变棕色，加5mL硝酸，继续回流2h

图4-2-20 消解到呈淡黄色或无色，放冷，继续加热回流10min，放冷

图4-2-21 将消化液过滤，定容，混匀

（2）标准曲线的制作　求得吸光度值与汞质量关系的一元线性回归方程（图4-2-22至图4-2-26）。

图4-2-22　配制好的汞标准使用液

图4-2-23　加5.0mL汞标准溶液置于测汞仪的汞蒸气发生器中

图4-2-24　沿壁迅速加入3.0mL氯化亚锡

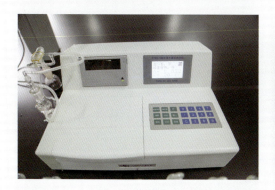

图4-2-25　从仪器读数显示的最高点测得其吸收值

图4-2-26　打开三通阀，将产生的剩余汞蒸气吸收于高锰酸钾溶液中

（3）试样溶液的测定　按照上述步骤进行操作。

（4）结果计算　试样中汞含量按以下公式计算：

$$X = \frac{(m_1 - m_2) \times V_1 \times 1000}{m_1 \times V_2 \times 1000 \times 1000}$$

式中，

X：试样中汞含量，单位为毫克每千克或毫克每升（mg/kg或mg/L）；

m_1：测定样液中汞质量，单位为纳克（ng）；

m_2：空白液中汞质量，单位为纳克（ng）；

V_1：试样消化液定容总体积，单位为毫升（mL）；

1000：换算系数；

m：试样质量，单位为克或毫升（g或mL）；

V_2：测定样液体积，单位为毫升（mL）。

2．注意事项

（1）在采样和制备过程中，应注意不使试样污染。新鲜肉类样品，匀浆装入洁净聚乙烯瓶中密封，4℃冰箱冷藏备用。

（2）测定前测汞仪应预热1h，将仪器性能调至最佳状态；待读数达到零点时进行下一次测定。

（3）样品消解和试样测定应同时做空白对照。

（4）在重复性条件下获得的两次独立测定结果的绝对差值不得超过算术平均值的20%。

第三节　菌落总数和大肠菌群的测定

分别按照GB 4789.2—2016《食品安全国家标准　食品微生物学检验　菌落总数测定》和GB 4789.3—2016《食品安全国家标准　食品微生物学检验　大肠菌群计数》规定的方法进行。牛肉的微生物指标参考NY/T 2799—2015《绿色食品　畜肉》规定，菌落总数≤1×10^5CFU/g，大肠菌群≤100MPN/g。

一、菌落总数的测定

菌落总数是指食品检样经过处理，在一定条件下培养后（如培养基、培养温度

和培养时间等），所得每克（毫升）检样中形成的微生物菌落总数。菌落总数主要作
为判定食品被细菌污染程度的标志。菌落总数的检验程序见图4-3-1。

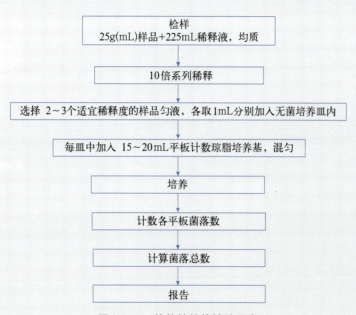

检样
25g(mL)样品+225mL稀释液，均质

10倍系列稀释

选择 2~3个适宜稀释度的样品匀液，各取1mL分别加入无菌培养皿内

每皿中加入 15~20mL平板计数琼脂培养基，混匀

培养

计数各平板菌落数

计算菌落总数

报告

图4-3-1　菌落总数的检验程序

1．测定步骤
（1）样品稀释与培养（图4-3-2至图4-3-5）。

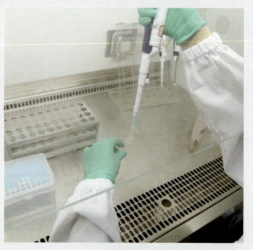

图4-3-2　称取25g样品置于盛有225mL稀释　　　图4-3-3　依次制备10倍系列稀释样品匀液
　　　　　液的无菌均质袋中，均质

图4-3-4 选择适宜稀释度的样品匀液，分别吸取1mL于无菌平皿内，每个稀释度做2个平皿。同时做空白对照 图4-3-5 将冷却至46℃的培养基倾注平皿，转动平皿混合均匀

（2）菌落计数 记录稀释倍数和相应的菌落数量，以菌落形成单位（CFU）表示（图4-3-6）。

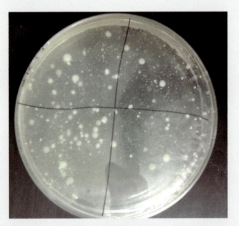

图4-3-6 每个稀释度的菌落数应采用两个平板的平均数

（3）结果与报告 稀释度选择及菌落数报告方式参考GB 4789.2—2016规定。若有两个连续稀释度的平板菌落数在适宜计数范围内时，按下式计算：

$$N = \frac{\sum C}{(n_1 + 0.1n_2)d}$$

式中，

N：样品中菌落数；

$\sum C$：平板（含适宜范围菌落数的平板）菌落数之和；

n_1：第一稀释度（低稀释倍数）平板个数；

n_2：第二稀释度（高稀释倍数）平板个数；

d：稀释因子（第一稀释度）。

2．注意事项

（1）必须同时做空白稀释液对照，若空白对照上有菌落生长，此次检测结果无效。

（2）检验过程中应遵循无菌操作原则，防止一切可能的外来污染。

二、大肠菌群的测定

大肠菌群指在一定培养条件下能发酵乳糖、产酸产气的需氧和兼性厌氧革兰氏阴性无芽孢杆菌。食品中检出大肠菌群的细菌，表明该食品有粪便污染。GB 4789.3—2016中规定的大肠菌群计数方法有MPN法和平板计数法两种方法，可根据检测的需要选择采用。

（一）大肠菌群MPN计数法

适用于大肠菌群含量较低的食品中大肠菌群的计数，检验程序见图4-3-7。

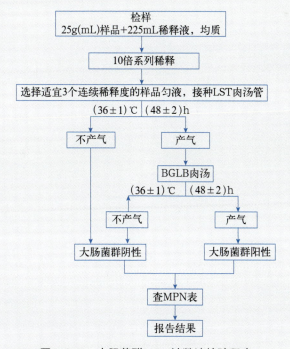

图4-3-7　大肠菌群MPN计数法检验程序

1．测定步骤

（1）样品处理　与菌落总数测定时相同。

（2）初发酵试验　培养24h后，产气者进行复发酵试验，如未产气则继续培养至48h±2h，产气者进行复发酵试验；未产气者为大肠菌群阴性（图4-3-8、图4-3-9）。

图4-3-8　选择3个连续稀释度的样品匀液，分别接种3管LST肉汤，每管接种1mL

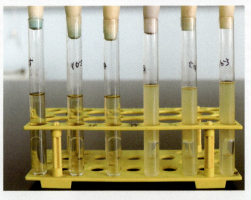

图4-3-9　左边3管未产气，右边3管倒管内有明显的气体产生，培养基混浊

（3）复发酵试验　培养48h后产气者，计为大肠菌群阳性管；未产气者为大肠菌群阴性（图4-3-10、图4-3-11）。

图4-3-10　移种于煌绿乳糖胆盐（BGLB）肉汤培养基

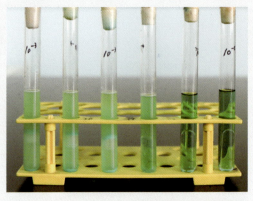

图4-3-11　左边3管培养基变混浊，倒管内有气体产生，第4管培养基变混浊但倒管内无气体；右边2管没有任何变化

（4）结果报告　按确证的大肠菌群BGLB阳性管数，检索MPN表（GB 4789.3—2016），报告每克样品中大肠菌群的MPN值。

2．注意事项

（1）样品匀液pH应在6.5～7.5。从制备样品匀液至样品接种完毕，全过程不得超过15min。

（2）检验过程中应遵循无菌操作原则，防止一切可能的外来污染。

（二）大肠菌群平板计数法

适用于大肠菌群含量较高的食品中大肠菌群的计数，检验程序见图4-3-12。

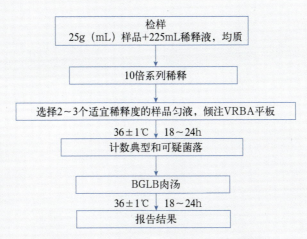

图4-3-12 大肠菌群平板计数法检验程序

1．测定步骤

（1）样品处理 方法同前。倾注VRBA平板见图4-3-13。

（2）平板计数。

（3）平板菌落数的选择 选取菌落数在15～150CFU的平板（图4-3-14），分别计数平板上出现的典型和可疑大肠菌群菌落（直径较典型菌落小）。

图4-3-13 倾注VRBA平板

图4-3-14 典型菌落为紫红色，菌落周围有红色的胆盐沉淀环

（4）证实试验　从VRBA平板上挑取10个不同类型的典型和可疑菌落，分别移种于BGLB肉汤管内。凡BGLB肉汤管产气，即可报告为大肠菌群阳性。

（5）结果报告　经证实为阳性的试管比例乘以上述计数的平板菌落数，再乘以稀释倍数，即为每克（毫升）样品中大肠菌群数。

2．注意事项　最低稀释度平板低于15CFU的记录具体菌落数，其他同MPN计数法。

第四节　水分含量检验

一、直接干燥法

利用食品中水分的物理性质，在101.3kPa（一个大气压），温度101～105℃下采用挥发方法测定样品中干燥减失的重量，包括吸湿水、部分结晶水和该条件下能挥发的物质，再通过干燥前后的称量数值计算出水分的含量。测定程序见图4-4-1。

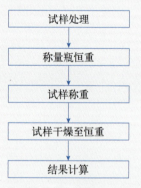

图4-4-1　直接干燥法测定牛肉中水分的程序

1．分析步骤

（1）试样处理　剔除肉样中脂肪、筋、腱等组织（冻肉自然解冻），尽可能剪碎，颗粒试样要求小于2mm，密闭容器保存待检。

（2）称量瓶恒重（图4-4-2）。

（3）试样称重　试样厚度不超过5mm，如为疏松试样，厚度不超过10mm（图4-4-3）。

（4）试样干燥及称重（图4-4-4至图4-4-7）。

图4-4-2　称量瓶干燥至恒重，称重

图4-4-3　试样称重并编号记录

图4-4-4　置于干燥箱加热后取出在干燥器内
冷却，再干燥、冷却至恒重

图4-4-5　称重并记录

图4-4-6　干燥的试样

图4-4-7　记录结果

计算公式：

$$X = \frac{m_1 - m_2}{m_1 - m_3} \times 100$$

式中，

X：试样中水分的含量，单位为克每百克（g/100g）；

m_1：称量瓶（加海砂、玻棒）和试样的质量，单位为克（g）；

m_2：称量瓶（加海砂、玻棒）和试样干燥后的质量，单位为克（g）；

m_3：称量瓶（加海砂、玻棒）的质量，单位为克（g）；

100：单位换算系数。

水分含量 ≥1g/100g 时，计算结果保留三位有效数字；水分含量<1g/100g 时，计算结果保留两位有效数字。

冻肉的水分含量计算公式：

$$X = \frac{(m_1 - m_2) + m_2 \times c}{m_2} \times 100$$

式中，

X：试样中水分的含量，单位为克每百克（g/100g）；

m_1：解冻前样品的质量，单位为克（g）；

m_2：解冻后样品的质量，单位为克（g）；

c：解冻后样品的水分百分含量；

100：单位换算系数。

2．注意事项

（1）两次恒重值在最后计算中，取质量较小的一次称量值。

（2）水分含量计算结果保留三位有效数字；在重复性条件下获得的两次独立测定结果的绝对差值不得超过算术平均值的10%。

二、蒸馏法

按照GB 5009.3—2016进行操作。蒸馏法的原理是利用食品中水分的物理化学性质，使用水分测定器将食品中的水分与甲苯或二甲苯共同蒸出，根据接收的水的体积计算出试样中水分的含量。测定程序见图4-4-8。

1．分析步骤

（1）试样处理　同前。

（2）称量试样及蒸馏　接收管水平面保持10min不变为蒸馏终点，读取接收管水层的容积（图4-4-9至图4-4-11）。

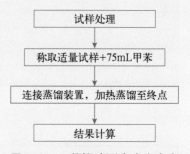

图4-4-8　蒸馏法测定牛肉中水分的程序

图4-4-9　称取适量试样，加入甲苯　　图4-4-10　加热蒸馏　　图4-4-11　蒸馏水分体积读数

（3）结果计算　试样中水分的含量，按以下公式计算：

$$X = \frac{V - V_0}{m} \times 100$$

式中，

X：试样中水分的含量，单位为毫升每百克（mL/100g）（或按水在20℃的相对密度0.998，20g/mL计算质量）；

V：接收管内水的体积，单位为毫升（mL）；

V_0：做试剂空白时，接收管内水的体积，单位为毫升（mL）；

m：试样的质量，单位为克（g）；

100：单位换算系数。

2．注意事项

（1）必须同时做甲苯（或二甲苯）的试剂空白。

（2）蒸馏应先慢后快至蒸馏终点。

（3）以重复性条件下获得的两次独立测定结果的算术平均值表示，结果保留三位有效数字。绝对差值不得超过算术平均值的10%。

第五节　兽药残留检验

兽药残留检测常用筛选法、定量和确证方法。筛选法包括酶联免疫吸附法（ELISA）和胶体金免疫层析法（试纸卡法）。优点是成本低、携带方便、使用快捷；

但缺点是一般只能检测一种药物，假阳性结果较高，且灵敏度相对较低，必须再经仪器进行确证。定量和确证法，常用方法有高效液相色谱法（HPLC）、液相色谱-串联质谱法（LC-MS/MS）和气相色谱-串联质谱法（GC-MS）。具有灵敏度高、选择性强和定量准确的优点。

　　国家动物及动物产品兽药残留监控计划规定的牛主要的兽药残留检测项目及检测方法见表4-5-1。

表4-5-1　牛组织中药物残留检测项目及方法

序号	检测项目	检测方法
1	牛肉和牛肝中阿维菌素类	HPLC、LC-MS/MS（GB/T 20748—2006）
2	牛肉中克仑特罗	GC-MS（农业部958号公告—8—2007）
3	牛肉中同化激素	LC-MS/MS（GB/T 20758—2006）
4	牛肉中头孢噻呋	HPLC（农业部1025号公告—13—2008）

一、阿维菌素类

　　阿维菌素类按GB/T 20748—2006《牛肝和牛肉中阿维菌素类药物残留量的测定　液相色谱-串联质谱法》的规定进行测定。

　　牛肝和牛肉中残留的阿维菌素类药物用乙腈提取后，用中性氧化铝柱净化，液相色谱-串联质谱检测。本法伊维菌素、阿维菌素、多拉菌素和爱普瑞菌素检出限均为4μg/kg。测定流程如图4-5-1所示。

　　1．测定　步骤见图4-5-2至图4-5-7。

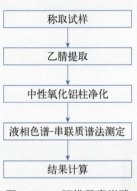

称取试样
↓
乙腈提取
↓
中性氧化铝柱净化
↓
液相色谱-串联质谱法测定
↓
结果计算

图4-5-1　阿维菌素类残留的测定流程

图4-5-2　装色谱柱

图4-5-3　加　样

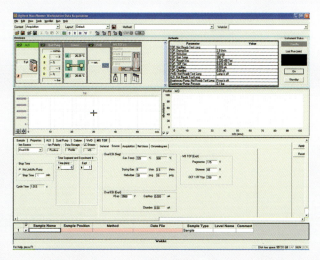

图4-5-4　参数设定

图4-5-5　进　样

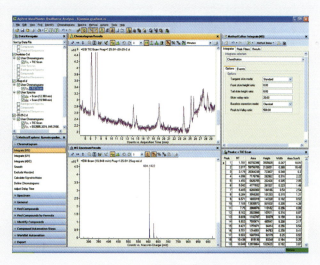

图4-5-6　绘制标准曲线

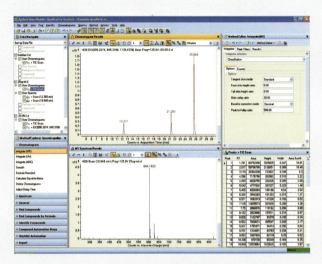

图4-5-7　定量测定

结果计算：

$$X = c \times \frac{V}{m} \times \frac{1000}{1000}$$

式中，

X：试样中被测组分残留量，单位为微克每千克（μg/kg）；

c：从标准工作曲线得到的被测组分溶液浓度，单位为纳克每毫升（ng/mL）；

V：试样溶液定容体积，单位为毫升（mL）；

m：试样溶液所代表最终试样的质量，单位为克（g）。

2. 注意事项

（1）样品图谱中各组分定性离子的相对丰度与浓度接近的标准溶液中对应的定性离子的相对丰度比较，如偏差不超过规定的范围，可判定为样品中存在对应的待测物。

（2）对同一试样必须进行平行试验测定及空白试验。重复性条件下获得的两次独立测试结果的绝对差值不超过重复性限r，如果差值超过重复性限，应舍弃试验结果并重新完成两次单个试验的测定。

（3）重复性条件获得的两次独立测试结果的绝对差值不超过再现性限R。

二、同化激素

同化激素按GB/T 20758—2006《牛肝和牛肉中睾酮、表睾酮、孕酮残留量的测

定 液相色谱-串联质谱法》的规定进行测定。

牛肝和牛肉中睾酮、表睾酮、孕酮药物残留经酶解后用甲醇叔丁基甲醚提取,提取液用C_{18}固相萃取柱净化,肝脏样品需再经硅胶固相萃取柱净化,洗脱液浓缩定容后,供液相色谱-串联质谱测定。肝脏中睾酮、表睾酮、孕酮检出限为0.5μg/kg,肌肉中睾酮、表睾酮为0.1μg/kg,孕酮为0.5μg/kg。测定程序如图4-5-8所示。

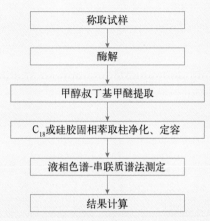

图4-5-8 同化激素残留的测定流程

1. 测定 用液相色谱-串联质谱法进行测定,方法同阿维菌素类。

结果计算:

$$X = c_s \times \frac{A}{A_s} \times \frac{c_i}{c_{si}} \times \frac{A_{si}}{A_i} \times \frac{V}{m} \times \frac{1000}{1000}$$

式中,

X:试样中被测物残留量,单位为微克每千克(μg/kg);

c_s:基质标准工作溶液中被测物的浓度,单位为纳克每毫升(ng/mL);

A:试样溶液中被测物的色谱峰面积;

A_s:基质标准工作溶液中被测物的色谱峰面积;

c_i:试样溶液中内标物的浓度,单位为纳克每毫升(ng/mL);

c_{si}:基质标准工作溶液中内标物的浓度,单位为纳克每毫升(ng/mL);

A_{si}:基质标准工作溶液中内标物的色谱峰面积;

A_i:试样溶液中内标物的色谱峰面积;

V:样液最终定容体积,单位为毫升(mL);

m:试样溶液所代表试样的质量,单位为克(g)。

2．注意事项　同阿维菌素类。

三、头孢噻呋

头孢噻呋按农业部1025号公告—13—2008《动物性食品中头孢噻呋残留检测　高效液相色谱法》的规定进行测定。

样品中残留的头孢噻呋与二硫赤藓醇（DTE）溶液共同培养，使头孢噻呋及去呋喃甲酰头孢噻呋（DFC）有关代谢物从蛋白或含硫化合物中分离，产生DFC。DFC与碘乙酰胺反应，生成稳定的DFC乙酰胺衍生物（DCA），原形药或代谢物均转化为DCA衍生物。用C_{18}固相萃取柱对衍生物进行提取。强阴离子交换（SAX）柱纯化，再用强阳离子交换（SCX）柱净化。DCA衍生物用高效液相色谱-紫外法测定，外标法定量。本法在牛肉、脂肪的定量限为100μg/kg，牛肝脏中的定量限为500μg/kg。测定程序如图4-5-9所示。

图4-5-9　头孢噻呋残留的测定流程

1．测定　取适量试样溶液和相应的标准工作液，做单点或多点校正，以色谱峰面积积分值定量。同时做空白试验。结果计算：

$$X = \frac{cV \times 2}{m}$$

式中，

X：试样中头孢噻呋的残留量，单位为微克每千克（μg/kg）；

c：试样溶液中头孢噻呋的浓度，单位为纳克每毫升（ng/mL）；

V：SCX洗脱液的体积，单位为毫升（mL）；

m：试样的质量，单位为克（g）。

2．注意事项

（1）计算结果需扣除空白值，测定结果用两次平行测定的算术平均值表示，保留三位有效数字。

（2）本方法批内相对标准差≤15%，批间相对标准偏差≤15%。

四、其他药物的测定

牛组织中其他药物残留检测项目及方法参考表4-5-2。

表4-5-2　牛组织中其他药物残留检测项目及方法

序号	检测项目	检测方法
1	牛甲状腺和牛肉中硫脲嘧啶、甲基硫脲嘧啶、正丙基硫脲嘧啶、它巴噻、硫基苯并咪唑	LC-MS/MS（GB/T 20742—2006）
2	畜禽肉中十六种磺胺类药物	LC-MS/MS（GB/T 20759—2006）
3	畜禽肉中地塞米松	LC-MS/MS（GB/T 20741—2006）
4	可食动物肌肉、肝脏和水产品中氯霉素、甲砜霉素和氟苯尼考	LC-MS/MS（GB/T 20756—2006）
5	四环素类	LC-MS/MS、HPLC（GB/T 21317—2007）
6	喹乙醇残留标示物	HPLC（GB/T 20797—2006）
7	安乃近代谢物	LC-UV、LC-MS/M（GB/T 20747—2006）
8	苯丙咪唑类	LC-MS/MS（GB/T 21324—2007）
9	α-群勃龙、β-群勃龙	LC-UV、LC-MS/MS（GB/T 20760—2006）
10	硝基呋喃类代谢物	HPLC-MS（农业部781号公告—4—2006）

第六节　"瘦肉精"的检测

目前肉中存在非法添加物质，尤其"瘦肉精"（β-肾上腺素能受体激动剂类化合物）已成为困扰肉类质量安全的主要问题。采用"筛选"和"确证"相结合的方法进行检测，可以同时检测数量较多的样品，又能增加检测结果的准确性和可靠性。

一、筛选法

采用胶体金免疫层析法（见第二章第一节）或酶联免疫吸附法（ELISA）快速筛查，可用于"瘦肉精"的快速定性筛选或半定量检测，以ELISA方法为例进行说明。

竞争性抗原抗体结合反应。微孔板上包被有β-受体激动剂抗体，含有抗原的样品或标准品与酶标记物经过孵育及洗涤后，游离的抗原与抗原酶标记物竞争抗体结合位点，显色液结合酶标记物产生有色产物，加入终止液终止反应，通过比色测定样品中抗原的量。尿样可以直接测定，组织样品需经处理后进行测定，灵敏度0.1μg/kg。测定流程如图4-6-1所示。

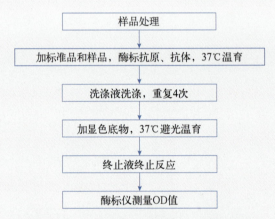

```
┌─────────────────────────────────────┐
│            样品处理                   │
└─────────────────────────────────────┘
┌─────────────────────────────────────┐
│ 加标准品和样品，酶标抗原、抗体，37℃温育 │
└─────────────────────────────────────┘
┌─────────────────────────────────────┐
│        洗涤液洗涤，重复4次              │
└─────────────────────────────────────┘
┌─────────────────────────────────────┐
│       加显色底物，37℃避光温育          │
└─────────────────────────────────────┘
┌─────────────────────────────────────┐
│         终止液终止反应                 │
└─────────────────────────────────────┘
┌─────────────────────────────────────┐
│        酶标仪测量OD值                  │
└─────────────────────────────────────┘
```

图4-6-1　β-受体激动剂残留ELISA测定流程

1. 测定　步骤见图4-6-2至图4-6-7。

图4-6-2　分别吸取标准品和样品加至相应的微孔中，依次加入酶标抗原和抗体，密封，37℃温育

图4-6-3　洗涤液洗板，重复4次

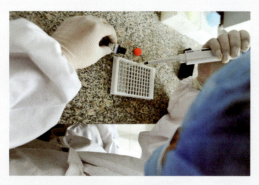

图4-6-4　加显色底物

图4-6-5　避光温育

图4-6-6　加终止液终止反应

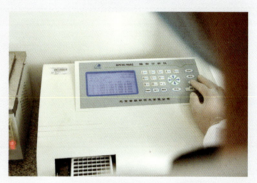

图4-6-7　酶标仪测OD值

2．注意事项

（1）使用前将所有试剂平衡至室温（20～25℃），温度过低导致数值偏低。

（2）洗板拍干后应立即进行下一步操作，否则会出现标准曲线不成线性，重复性不好的现象。

（3）混合要均匀，洗板要彻底（包括加样品和标准液的时候）。

（4）标准物质和显色液对光敏感，避免直接暴露在光线下。

二、确证法

确证法一般采用色谱-质谱联用技术，以GC-MS/MS或LC-MS/MS为例进行说明。目前的检测标准有农业部958号公告—8—2007《牛可食性组织中克仑特罗残留检测方法　气相色谱-质谱法》、农业部1063号公告—3—2008《动物尿液中11种β-受体激动剂的检测　液相色谱-串联质谱法》等。

（一）牛可食性组织中克仑特罗残留检测

对样品在碱化的条件下用乙酸乙酯提取，利用溶于酸性溶液的特点，稀盐酸反萃取，SCX净化，经过双三甲基硅基三氟乙酰胺（BSTFA）衍生后用气相色谱质谱联用仪测定。本法克仑特罗在牛的肌肉、肝脏、肾脏组织中的检测限为0.5μg/kg，定量限为1μg/kg。测定程序如图4-6-8所示。

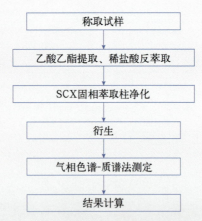

图4-6-8 组织样品中克仑特罗残留的测定流程

1．测定 取试样溶液和相应的标准溶液做单点或多点校准，外标法以峰面积定量。结果计算：

$$X = \frac{A \times c_s \times V}{A_s \times m}$$

式中，

X：试样中克仑特罗残留量，单位为微克每千克（μg/kg）；

A：试样溶液中克仑特罗衍生物的峰面积；

A_s：标准工作液中克仑特罗衍生物的峰面积；

c_s：上样时标准工作液中克仑特罗衍生物的质量浓度，单位为微克每升（μg/L）；

V：溶解残余物所得试样溶液体积，单位为毫升（mL）；

m：组织样品的质量，单位为克（g）。

2．注意事项

（1）空白试验除不添加标准品工作液外，采用完全相同的步骤进行平行操作。

（2）本方法批内、批间变异系数≤30%。

（二）动物尿液中β-受体激动剂的检测

样品经氢氧化钠溶液调节pH，叔丁醇、叔丁基甲醚混合溶液萃取并浓缩后用固相萃取小柱净化，洗脱液浓缩后用含0.2%甲酸的水溶液溶解，供液相色谱串联质谱联进行检测，内标法定量。本法检测限为0.1ng/mL，定量限为0.2ng/mL。测定程序如图4-6-9所示。

图4-6-9　尿液中β-受体激动剂残留的测定流程

1. 测定　克仑特罗、西马特罗、西布特罗、马布特罗、溴布特罗、班布特罗用克仑特罗-D_9内标定量；莱克多巴胺、氯丙那林用莱克多巴胺-D_5内标定量，沙丁胺醇、齐帕特罗、特布他林用沙丁胺醇-D_3内标定量。用标准工作曲线对样品进行定量。

结果计算：

$$X = \frac{m_1}{m} \times n$$

式中，

m_1：试样的色谱峰对应的某一种β-受体激动剂的质量，单位为纳克（ng）；

n：试样的稀释倍数；

m：试样的体积，单位为毫升（mL）。

2. 注意事项

（1）对同一样品需进行平行测定试验。

（2）在同一实验室由同一操作人员完成的两个平行测定的相对偏差不大于20%。

第五章

检验检疫记录及无害化处理

第一节　检验检疫记录

动物检验检疫记录是在动物检验检疫过程中形成的记载具体检验检疫操作过程和结果的材料。动物检验检疫是保障动物产品安全的关键环节，动物检验检疫记录是规范动物检验检疫操作的重要手段，也是食品安全可追溯体系建设和痕迹化管理的内在要求。

2010年，农医发［2010］44号文件制定了《检疫申报（受理）单》（图5-1-1）和《检疫处理通知单》（图5-1-2），用于检疫申报（受理）以及检疫不合格时的处理记录。

动物检验检疫记录的存档应当按照时间顺序、记录类别分类保存、便与检索查询，所有记录档案存档要保证完整、不得缺漏，要有专人专柜保存。

此外，各地动物卫生监督机构和屠宰企业可以在进行必要表格记录报送的基础上，按照实际监管需要或生产需要，自行优化设计相关表格记录样式。

检 疫 申 报 单
（货主填写）

编号：
货主：
联系电话：
动物/动物产品种类：
数量及单位：
来源：
用途：
启运地点：
启运时间：
到达地点：
依照《动物检疫管理办法》规定，现申报检疫。
货主签字（盖章）：
申报时间：＿＿＿年＿＿＿月＿＿＿日

注：本申报单规格为210mm×70mm，其中左联长110mm，右联长100mm。

申报处理结果
（动物卫生监督机构填写）

□ 受理。拟派员于
＿＿年＿＿月＿＿日到
＿＿＿＿＿＿＿实施检疫。
□ 不受理。
理由：＿＿＿＿＿＿

经 办 人：
年 月 日

（动物卫生监督机构留存）

检 疫 申 报 受 理 单
（动物卫生监督机构填写）
No.

处理意见：
□ 受理：本所拟于＿＿＿年＿＿＿月＿＿日派员到＿＿＿＿＿＿实施检疫。
□ 不受理。理由：＿＿＿＿＿＿＿＿＿
＿＿＿＿＿＿＿＿＿＿＿＿＿＿＿＿＿

经办人：　　　　联系电话：

动 物 检 疫 专 用 章
年　　　月　　　日

（交货主）

图5-1-1　检疫申报（受理）单

检疫处理通知单

编号：_____

_____：

按照《中华人民共和国动物防疫法》和《动物检疫管理办法》有关规定，你(单位)的_____

_____经检疫不合格，根据_____

_____

之规定，决定进行如下处理：

一、_____

二、_____

三、_____

四、_____

动物卫生监督所(公章)

年　月　日

官方兽医（签名）：

当事人签收：

备注：1.本通知单一式二份，一份交当事人，一份动物卫生监督所留存。

2.动物卫生监督所联系电话：

3.当事人联系电话：

图5-1-2　检疫处理通知单

一、宰前检验检疫记录

宰前检验检疫结束后，详细记录验收检验、检疫申报、宰前检查等环节的情况，发现传染病时，除按规定处理外还应记录备案。屠宰厂（场、点）应做好待宰、急宰、无害化处理等环节各项记录（图5-1-3、图5-1-4）。牛屠宰检验检疫记录妥善保存10年以上，以便统计和查考。

图5-1-3　填写宰前检验检疫记录

动物屠宰检疫"瘦肉精"抽检工作记录

屠宰场名称：　　　　　　　　　　　　　　　抽检动物种类：　　　　　　　　　　　　　　　单位：头、只

屠宰时间	屠宰数量	抽检头数	抽检动物耳标号码	检 测 结 果			检测人员签名	货主或场方人员签名	备 注
				盐酸克伦特罗	莱克多巴胺	沙丁胺醇			

说明：发现"瘦肉精"抽检阳性时，将阳性动物的耳标号码和对该动物产品的处理意见填写在备注栏。

图5-1-4 "瘦肉精"抽检工作记录（示例）

二、宰后检验检疫记录

宰后检验检疫结束后，做好宰后检验检疫结果及处理的记录，对宰后检验检疫所发现的各种传染病、寄生虫病及病变组织和器官进行详细的登记，做好无害化处理记录。应准确地记录当天屠宰牛的头数、品种、产地名称、货主姓名、宰前检查和宰后检疫病患牛患病名称、病变组织器官及病理变化、检验检疫结论和处理情况以及不合格肉的处理情况，相关检查人员签字等（图5-1-5至图5-1-7）。检疫记录应保存10年以上，以备统计和查考。

屠宰检疫工作情况日记录表

动物卫生监督所（分所）名称：　　　　　　　　　屠宰场名称：　　　　　　　　　　屠宰动物种类：

申报人	产地	入场数量(头、只、羽、匹)	入场监督查验		宰前检查		同步检查			官方兽医姓名	备注
			临床情况	是否佩戴规定的畜禽标识	回收《动物检疫合格证明》编号	合格数(头、只、羽、匹)	不合格数(头、只、羽、匹)	合格数(头、只、羽、匹)	出具《动物检疫合格证明》编号	不合格并处理数(头、只、羽、匹)	
合计											

检疫日期：　　年　月　日

图5-1-5 屠宰检疫工作情况日记录表

皮、毛、绒、骨、蹄、角检疫情况记录表

动物卫生监督所（分所）名称：　　　　　　　　　　　　　　　　　　单位：枚、张、公斤

检疫日期	货主	申报单编号	产品种类	产品数量	检疫地点	检疫方式	出具《动物检疫合格证明》编号	出具《检疫处理通知单》编号	到达地点	运载工具牌号	官方兽医姓名	备注

图5-1-6　皮、毛、绒、骨、蹄、角检疫情况记录表

_____屠宰厂（场、点）屠宰检疫月登记表

屠宰畜禽种类：猪□ 牛□ 羊□ 禽□　　　　　单位：头、只、羽、张　　　　　年 月 日

日期	入场动物数	宰前检查						同步检疫				结果处理					耳标回收数	驻场负责人签名
		回收证明数	持证动物数	偏瘦数量	无耳标数	准宰数	检出病畜禽数	屠宰数	检疫数	合格数	检出病畜禽数	动物产品检疫证号段	产品证用证数	病畜禽处理数	处理原因			
合计																	

说明：所有屠宰厂（场、点）均需填写。

图5-1-7　屠宰检验工作月登记表（示例）

第二节　证章标识的使用

证章标识（志）是承载畜禽兽医卫生检验检疫工作结果的载体，是动物卫生监督机构、畜禽屠宰加工企业依法对畜禽产品实施检验检疫时，加施、打印在畜禽产品上的标记或出具的动物检疫合格证明、肉品品质检验合格证、动物检疫标识（志）等的统称。

规范检疫标识（志）的使用与管理，使动物屠宰检验检疫过程留下痕迹，保证畜禽产品生产、加工、经营、储存等活动中畜禽产品质量有据可查，实现可追溯的要求，从而保障畜禽产品的质量和卫生。

证章标识（志）的使用过程应注意使用主体要合法，不能越权；使用程序应该符合国家规定的相关规范；使用保管要严格，不得随意出借、出售、转让其他单位或个人，不得涂改、伪造或变造；回收销毁要备案。

一、证章

（一）证明类

由畜牧兽医行政管理部门对经检疫合格的畜禽产品出具动物检疫合格证明，是畜禽产品上市流通的合法有效凭证（图5-2-1至图5-2-4）。

动 物 检 疫 合 格 证 明（动物A）

编号：

货　主		联系电话	
动物种类		数量及单位	
启运地点	省　　市（州）　　县（市、区）　　乡（镇）　　村 （养殖场、交易市场）		
到达地点	省　　市（州）　　县（市、区）　　乡（镇） 村（养殖场、屠宰场、交易市场）		
用　途		承 运 人	联系电话
运载方式	□公路 □铁路 □水路 □航空		运载工具 牌号
运载工具消毒情况	装运前经＿＿＿＿＿＿＿＿消毒		
本批动物经检疫合格，应于＿＿＿＿＿日内到达有效。 　　　　　官方兽医签字：＿＿＿＿＿ 　　　　　签发日期：　　年　　月　　日 　　　　　（动物卫生监督所检疫专用章）			第 联 共 联
牲 畜 耳标号			
动物卫生 监督检查 站签章			
备 注			

注：1. 本证书一式两联，第一联由动物卫生监督所留存，第二联随货同行。

　　2. 跨省调运动物到达目的地后，货主或承运人应在24小时内向输入地动物卫生监督机构报告。

　　3. 牲畜耳标号只需填写后3位，可另附纸填写，需注明本检疫证明编号，同时加盖动物卫生监督机构检疫专用章。

　　4. 动物卫生监督所联系电话：

图5-2-1 动物检疫合格证明（动物A）

动 物 检 疫 合 格 证 明 (动物B)

编号：

货　主		联系电话	
动物种类		数量及单位	用　途	
启运地点	市（州）　县（市、区）　乡（镇）　村 （养殖场、交易市场）			
到达地点	市（州）　县（市、区）　乡（镇）　村 （养殖场、屠宰场、交易市场）			
牲畜 耳标号				
本批动物经检疫合格，应于当日内到达有效。 官方兽医签字：＿＿＿＿＿＿ 签发日期：　　年　月　日 （动物卫生监督所检疫专用章）				

第
一
联

共
二
联

注：1.本证书一式两联，第一联由动物卫生监督所留存，第二联随货同行。

　　2.本证书限省境内使用。

　　3.牲畜耳标号只需填写后3位，可另附纸填写，并注明本检疫证明编号，同时加盖动物卫生监督所检疫专用章。

图5-2-2　动物检疫合格证明（动物B）

动 物 检 疫 合 格 证 明 (产品A)

编号：

货　主		联系电话	
产品名称		数量及单位	
生产单位名称地址			
目的地	省　市（州）　县（市、区）		
承运人		联系电话	
运载方式	□公路　□铁路　□水路　□航空		
运载工具牌号		装运前经＿＿＿＿＿＿＿＿＿消毒	
本批动物产品经检疫合格，应于＿＿＿＿＿日内到达有效。 官方兽医签字：＿＿＿＿＿＿ 签发日期：　　年　月　日 （动物卫生监督所检疫专用章）			
动物卫生监督 检查站签章			
备注			

第
一
联

共
二
联

注：1.本证书一式两联，第一联由动物卫生监督所留存，第二联随货同行。

　　2.动物卫生监督所联系电话：

图5-2-3　动物检疫合格证明（产品A）

图5-2-4 动物检疫合格证明（产品B）

（二）印章类

1. **检疫验讫印章** 根据检疫结果，按照相关规定加施相应的检疫验讫印章。滚筒验讫印章适用于带皮胴体，针刺式方形胴体检疫验讫印章用于标记剥皮的家畜胴体。

此外，北京、河北、辽宁等地已经农业农村部批复使用激光灼刻检疫印章，其尺寸、规格、内容与现行国家规定的检疫验讫印章印迹一致。

2. **检验处理印章**

（1）检验合格印章（图5-2-5）。

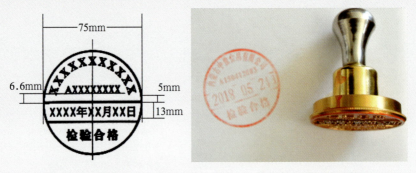

图5-2-5 检验合格印章（大圆形章）印模（左）及印章（右）

（2）**无害化处理印章** 包括化制（图5-2-6）、非食用（图5-2-7）、复制（图5-2-8）、销毁（图5-2-9）。

图5-2-6　化制印模（左）及印章（右）

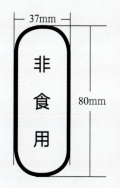

图5-2-7　非食用处理章印模（左）及印章（右）

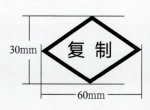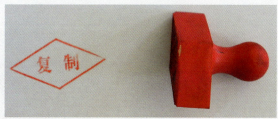

图5-2-8　复制处理章印模（左）及印章（右）

图5-2-9　销毁处理章印模（左）及印章（右）

二、标识

畜禽标识是施加于牲畜耳部，用于证明牲畜身份，承载牲畜个体信息的标志物。畜禽标识编码由畜禽种类代码、县级行政区域代码、标识顺序号公共15位数字及专用条码组成。牛耳标为铲形，浅黄色（图5-2-10）。

《畜禽标识和养殖档案管理办法》规定，动物卫生监督机构应当在畜禽屠宰前，查验、登记畜禽标识；屠宰经营者应当在畜禽屠宰时回收畜禽标识（图5-2-11），由动物卫生监督机构保存、销毁；经屠宰检疫合格后，动物卫生监督机构应当在畜禽产品检疫标志中注明畜禽标识编码。

图5-2-10 牛耳标

编码形式为：2（种类代码）+XXXXXX（县级行政区域代码）+XXXXXXXX（畜禽标识顺序号）

屠宰活牛耳标回收记录

时间	企业名称	屠宰活牛数	回收耳标	检疫员签字	保存人签字	销毁数量	销毁方式

图5-2-11 屠宰活牛耳标回收记录（示例）

三、标志

经肉品品质检验合格的分割、包装的畜禽产品，屠宰厂（场、点）应当在包装袋及包装箱上粘贴动物检疫合格标志，也是畜禽产品上市流通的合法有效凭证。

分为内粘贴标志（小标签）和外粘贴标志（大标签）（图5-2-12）。内粘贴标志用于最小包装袋的外面（图5-2-13），外粘贴标志用于最大包装袋（箱）的外面（图5-2-14）。

大标签 44mm 64mm

小标签 27mm 43mm

图5-2-12　动物检疫合格标志规格

图5-2-13　内贴标贴在最小包装袋的外面

图5-2-14　外贴标贴在包装箱的外面

第三节　无害化处理

按照农医发[2017]25号《病死及病害动物无害化处理技术规范》的规定进行无害化处理。

1．运送　运送动物尸体和病害动物产品应采用密闭、不渗水的容器，符合GB19217《医疗废物专用车技术要求》条件的车辆或专用封闭厢式运载车辆（图5-3-1）。车辆驶离暂存、养殖等场所前，应对车轮及车厢外部进行消毒（图5-3-2）。转运车辆应尽量避免进入人口密集区。若转运途中发生渗漏，应重新包装、消毒后运输。卸载后，应对转运车辆及相关工具等进行彻底清洗、消毒。

图5-3-1　转运车辆应加施明显标识，并加装车载定位系统，记录转运时间和路径等信息

图5-3-2　消毒通道，运送车辆进出门必须消毒

2．焚烧法　国家规定的染疫动物及其产品、病死或者死因不明的动物尸体、屠宰前确认的病害动物、屠宰过程中经检疫或肉品品质检验确认为不可食用的动物产品，以及其他应当进行无害化处理的动物及动物产品。一般处理一类疫病及炭疽的染疫动物尸体及其产品（图5-3-3）。

3．化制法　不得用于患有炭疽等芽孢杆

图5-3-3　焚化炉

菌类疫病以及牛海绵状脑病的染疫动物及产品、组织的处理。其他适用对象同焚烧法。二、三类疫病（除炭疽），染疫的动物尸体及其产品（图5-3-4、图5-3-5）。

图5-3-4　干化机　　　　　　　　　　　图5-3-5　湿化机

4. 深埋法　发生动物疫情或自然灾害等突发事件时病死及病害动物的应急处理，以及边远和交通不便地区零星病死畜禽的处理。不得用于患有炭疽等芽孢杆菌类疫病以及牛海绵状脑病的染疫动物及产品、组织的处理。

5. 高温处理　其他适用对象同焚烧法。二、三类疫病（除炭疽），染疫的动物尸体及其产品（图5-3-6）。

图5-3-6　高温处理

6. 化学消毒法　适用于被病原微生物污染或可疑被污染的动物皮毛消毒。二、三类疫病（除炭疽），染疫动物的皮毛。

参考文献

陈怀涛，2008．牛病诊疗原色图谱 [M]．北京：中国农业出版社．

陈怀涛，2008．兽医病理学原色图谱 [M]．北京：中国农业出版社．

郭爱珍，2015．牛结核病 [M]．北京：中国农业出版社．

潘耀谦，吴庭才等，2007．奶牛疾病诊治彩色图谱 [M]．北京：中国农业出版社．

朴范泽，2008．牛病类症鉴别诊断彩色图谱 [M]．北京：中国农业出版社．

张旭静，2003．动物病理学检验彩色图谱 [M]．北京：中国农业出版社．

Roger W.Blowey，A.David Weaver.牛病彩色图谱 [M]．2版．齐长明，译．北京：中国农业出版社．

致　谢

　　本书的编写得到西北农林科技大学、陕西省畜牧兽医局、陕西省动物卫生监督所、陕西省永寿县动物卫生监督所、陕西省眉县动物卫生监督所、河南省畜牧局、内蒙古自治区动物卫生监督所、陕西秦宝牧业股份有限公司、咸阳市顶乐伊禾肉类加工有限公司、河南恒都食品有限公司、内蒙古中敖食品有限公司、西安清真国利肉食有限公司等单位的支持与帮助，在此一并表示衷心的感谢！感谢魏忠良、王稳重、李峰、张军、董阳佳、王招弟、王婷、丁娟妮、丁选国、蔡健奎、牛松普、钱恒、秦江波、刘建伟、李阳、赵术明、刘河、刘建华、王朋冲、吴正双、李丽、刘倩倩及很多不知名的检验检疫人员等给予的帮助。